NOTICE PRÉLIMINAIRE

SUR LE

SYSTÊME SILURIEN ET LES TRILOBITES

DE

BOHÊME.

PAR

Joachim Barrande.

LEIPSIC,

CHEZ C. L. HIRSCHFELD, LIBRAIRE.

1846.

T A B L E.

§. III. DIVISION SUPÉRIEURE.

Depuis que nous étudions les formations palaeozoïques de la Bohême, c'est à dire depuis longues années, plusieurs de nos amis et correspondans géologues nous ont fréquemment adressé la question suivante:

A QUELLE ÉPOQUE RAPPORTEZ-VOUS LES TERRAINS ANCIENS DU CENTRE DE LA BOHÊME?

Avant de pouvoir répondre d'une manière sûre à cette question, nous avons dû faire de longues recherches, et rassembler tous les documens soit purement géognostiques, soit palaeontologiques sur les quels nous pouvions baser notre opinion. Ces documens se trouvent maintenant réunis entre nos mains, et nous nous occupons aussi activement que possible de les coordonner. Dès que notre travail sera achevé, nous le soumettrons au jugement de tous ceux qui cultivent les sciences de la géologie et de la palaeontologie sous le titre de: „Système Silurien du Centre de la Bohême."

Ce titre adopté pour notre ouvrage indique déjà la conviction que nous avons acquise, par suite des investiga tions assidues aux quelles nous nous sommes livré. Nous espérons aussi faire partager notre conviction aux personnes qui voudront bien jeter un coup d'oeil attentif sur cette notice.

1

Si nous nous contentions de présenter des considérations purement géognostiques sur l'ordre de superposition des diverses formations qui composent notre terrain de transition, et sur les caractères pétrographiques des roches qui en constituent les élemens, nous atteindrions difficilement le but que nous nous proposons. Nous savons en effet combien d'incertitudes peuvent laisser de pareilles descriptions, lorsqu'on veut par le simple aspect des roches, ou par l'ordre de succession des couches, établir les rapports d'âge entre les terrains de diverses contrées.

Nous croyons donc devoir recourir aux caractères palaeontologiques pour justifier d'une manière plus certaine et plus simple la classification que nous proposons ci-aprés, des terrains palaeozoïques de la Bohême.

Mais comme ces formations nous ont fourni un nombre considérable de fossiles depuis que nous avons commencé nos recherches, nous ne saurions avoir l'idée de passer ici en revue tous les rangs de la Faune palaeozoïque, à laquelle nous consacrerons plus tard l'espace nécessaire pour une description convenable. Nous nous bornerons donc ici, à indiquer les familles et les genres qui peuvent nous paraître les plus caractéristiques des divers étages où ils se trouvent.

On s'accorde généralement à reconnaître que parmi tous les fossiles, les trilobites sont ceux qui servent le plus utilement à la détermination de l'âge relatif des formations anciennes. Nous appèlerons donc plus particulièrement l'attention des géologues sur la famille de ces Crustacés, qui a de très-nombreux représentans dans les formations palaeozoïques de la Bohême. Dans le cadre étroit que nous nous sommes fixé pour cette notice, il ne saurait entrer ni une exposition systématique de tous les genres et de toutes les espèces, ni une description minutieuse des caractères génériques et spécifiques. Notre seul but est d'établir le parallèle entre les formations anciennes de la Bohême, et celles des autres contrées déjà décrites et classées dans l'échelle géologique. Il nous suffira donc de nommer les genres et les espèces, en indiquant très-sommairement les principaux traits qui servent à les distinguer. —

Le terrain de transition du centre de la Bohême forme un bassin bien déterminé dans ses contours, et qu'on peut comparer à une ellipse dont le grand axe est dirigé du Nord-est vers le Sud-est. Les extrémités de cet axe se trouvent l'une un peu au Nord-est d'AUVAL, l'autre un peu à l'ouest de KLATTAU, laissant entr'elles un intervalle d'environ 18 milles géographiques d'Allemagne ou de 133 Kilomètres.

La largeur du bassin est un peu irrégulière, mais elle ne s'étend pas au delà de 9 à 10 milles géographiques, de 67 à 74 kilomètres. En général elle est beaucoup moindre, surtout vers la pointe Nord-est du bassin, qui est recouverte en partie par les formations du *Quadersandstein* et du *Plänerkalk* etc. Dans tout le reste de son étendue, c'est-à-dire sur environ les quatre cinquièmes de son périmètre, le bassin palaeozoïque repose sur les granits et les Gneiss qui en beaucoup de localités semblent alterner avec diverses roches métamorphiques et se fondre avec elles.

Dans le bassin que nous venons de définir et dont l'étendue est assez vaste pour qu'on ne puisse pas considérer comme exceptionnels les faits géologiques qu'il présente, on peut reconnaître d'autres bassins à peu près concentriques, dont les contours correspondent aux limites des formations successives dans l'ordre des âges. Chacune de ces formations recouvre la plus ancienne, en laissant cependant un assez vaste espace à découvert pour qu'on puisse atteindre aisément chacune d'elles, de chaque côté du bassin, et établir ainsi des rapports d'identité entre des couches dont on n'aperçoit que la tranche, à de très-grandes distances.

Nous venons d'indiquer les formations du *Quadersandstein* et du *Plänerkalk* qui recouvrent en partie les contours du bassin palaeozoïque. Nous n'entrerons pas dans d'autres détails à ce sujet. Nous nous contenterons aussi de mentionner l'existence de plusieurs bassins carbonifères, la plupart de peu d'étendue, reposant immediatement sur la tranche des couches siluriennes des étages inférieur et moyen. Le savant professeur Zippe, dans divers ouvrages a déjà décrit sous les rapports géognostiques et statistiques, tous les terrains houillers de la Bohême, et nous aurons recours à ses travaux lorsque nous publierons notre description du Système Silurien.

Des masses considérables de Porphyre, de trapp, et autres roches plutoniques ont pénétré à diverses époques à travers les étages palaeozoïques dont nous nous occupons. Nous réservons pour une autre époque les observations que nous avons faites sur les formations ignées dont nous nous bornons à indiquer l'existence sur la surface que nous avons étudiée.

Les formations palaeozoïques du centre de la Bohême présentent la suite complète de tous les étages principaux signalés dans les terrains anciens des autres pays. Comme l'ensemble de ces formations se présente dans un bassin unique, sans interruption de continuité, des divisions qui nous semblent très-naturelles se sont offertes d'elles-mêmes à nos yeux, dès que nous avons eu suffisamment parcouru le pays, et que nous avons pu reconnaître les types des fossiles qui distinguent les divers étages superposés.

Nous avons adopté trois divisions principales qui correspondent à trois espèces de dépôts très-différens par leur nature. Des considérations fondées principalement sur la palaeontologie nous ont aussi porté à établir des subdivisions que nous nommerons *étages*.

1. *Division inférieure* comprenant toutes les formations Azoïques subdivisées en 2 étages.
2. *Division moyenne* comprenant les formations protozoïques dans lequelles nous distinguons 2 étages dont la faune est toute différente.
3. *division supérieure* comprenant la masse des calcaires presque ininterrompue en apparence, mais que la grande diversité des types fossiles dominans, nous force à diviser en trois étages distincts.

§. I. DIVISION INFÉRIEURE.

Partout où les bords extérieurs du terrain de transition du centre de la Bohême sont à découvert, c'est-à-dire dans l'étendue d'environ 4 cinquièmes de son périmètre, on peut reconnaître aisément les roches qui forment la base et que nous subdivisons en deux étages.

ÉTAGE INFÉRIEUR. A.

L'étage inférieur comprend toutes les roches cristallines ou semi-cristallines désignées généralement sous le nom de roches métamorphiques, telles que les schistes amphiboliques, les schistes chlorités etc., dont les apparences extérieures varient beaucoup d'une localité à l'autre. Ces roches forment les contours extérieurs du bassin palaeozoïque, en contact avec les granits et les gneiss par les quels elles semblent recouvertes en divers endroits.

Nous exposerons plus tard en détail les faits que nous avons observés à ce sujet, et qui nous paraîtront pouvoir contribuer à résoudre la question du métamorphisme.

ÉTAGE SUPÉRIEUR. B.

L'étage supérieur se compose des masses non cristallines, connues dans le pays sous le nom de grauwackes de Przibram, et dont la structure à grains arrondis tantôt assez fins, tantôt très-gros, atteste un dépôt dans le sein des mers. De nombreux et riches filons métalliques de plomb argentifère, d'argent etc. enrichissent cette formation, et suivent une direction qui est engénéral à peu près parallèle à celle de l'axe principal du bassin: nordest-sudouest, ou bien se raprochent d'environ 20° de plus vers le nord.

Ces grauwackes occupent les contours sud-est du bassin, et sont particulièrement très-développées dans les environs de Przibram, centre principal pour l'exploitation des richesses métalliques de la Bohême.

Nous rapportons au même étage les masses de schiste argileux qui sont situées d'une manière symétrique sur le côté opposé du bassin, c. à. d. vers le nord-ouest. Elles forment des couches d'une grande puissance, qu'on peut signaler principalement aux environs de Mies, autre centre d'exploitation des filons de plomb argentifère etc. On pourrait suivre cette formation sous les bassins houillers de Pilsen et de Radnitz, sous le *Quadersandstein* et le *Plänerkalk* et la retrouver à l'extrémité opposée du terrain de transition, au nord de Prague vers Jung Brzezan, et au midi de cette capitale vers Unter Brzezan.

Cet étage renferme diverses couches de schistes pyriteux ou alunifères, exploités pour la fabrication de l'acide sulfurique, en beaucoup de localités. Les couches pyriteuses me semblent appartenir principalement à la partie supérieure de cet étage.

Nous avons cherché vainement à découvrir une trace quelconque d'êtres organisés, dans les formations dont nous venons d'esquisser la description. Nous nous croyons donc fondé à dire que notre division inférieure est entièrement privée de fossiles. Cette circonstance venant confirmer les inductions qu'on peut tirer de la nature des roches et de la disposition générale de 2 étages que nous avons distingués, il nous semble que notre division inférieure correspond pour l'âge, au Système Cambrien d'Angleterre et du pays de Galles. Sous la dénomination de Système Cambrien, lors de la publication du *Silurian System*, M. le prof. SEDGWICK comprenait aussi des couches qui renferment des fossiles; mais il a modifié plus tard ses opinions, en restreignant l'étendue du Système Cambrien aux deux étages azoïques qu'il a établis et aux quels les nôtres correspondent parfaitement. C'est avec le Système Cambrien, ou Azoïque, ainsi limité, que nous croyons devoir identifier notre division inférieure des terrains de transition de la Bohême.

§. II. DIVISION MOYENNE.

La division moyenne des formations anciennes du centre
de la Bohême nous offre deux étages aussi distincts l'un de
l'autre par les roches qui les composent, que par les restes
fossiles qu'ils renferment. Leurs limites sont tranchées, et
on peut les reconnaître aisément en plusieurs localités, no-
tamment le long des côteaux abruptes, qui forment la vallée
de la Litawa, dans la direction de Przibram vers Zditz.

ÉTAGE INFÉRIEUR. C.

1. CARACTÈRES GÉOGNOSTIQUES.

Les couches qui forment cet étage sont presque exclusivement des Schistes d'une nature argileuse avec une faible
proportion de silice. Ces roches ont un grain fin, imper-
ceptible à l'oeil, tandis que dans les schistes que nous avons
décrits ci-dessus, étage B, on distingue aisément les élémens plus ou moins arrondis qui constituent la masse. La
couleur des roches de l'étage C est en général très foncée
et varie du brun au bleu noir, leur structure est feuilletée,
et comme les Schistes offrent des plans de division dans
divers sens, ils serait souvent difficile de reconnaître les vé-
ritables surfaces de dépôt. si on n'était guidé par le gise-
ment des fossiles.

La formation de ces schistes fossilifères nous semble s'étendre sur toute la surface du bassin formé par les contours de l'étage B sur lequel elle repose, mais elle est en grande partie cachée sous les couches de l'étage supérieur D, qui est beaucoup plus puissant. On ne peut la reconnaître que sur une faible partie de son étendue horizontale; nous connaissons cependant en deux endroits son épaisseur, qui mesurée dans le sens perpendiculaire aux couches, est d'environ 400 mètres, en terme moyen.

La localité où nous croyons le mieux pouvoir indiquer les bords extérieurs de cet étage, est au droit de Duschnik, dans le vallon qui descend de Przibram, et qui forme un des deux embranchemens de la vallée de la Litawa. Là on trouve des schistes d'un aspect qui concorde assez bien avec celui des schistes fossilifères dont nous nous occupons, mais dans les quels nous n'avons pas cependant découvert de fossiles jusqu'à ce jour. En descendant le vallon sous Duschnik, on rencontre bientôt les quartzites qui forment l'étage immédiatement supérieur, et on peut parfaitement reconnaître l'ordre de superposition. La direction des schistes de l'étage C au droit de Duschnik, est à-peu-près nord-est, et ils s'étendent vers l'extrémité orientale du bassin palaeozoïque, laissant à gauche la chaine du Brdiwald, et à droite les villes de Dobrzisch et Mnischek.

Par suite de soulèvemens et de dénudations, les schistes fossilifères sont à découvert, fort heureusement pour la palaeontologie, dans deux localités restreintes, et resserrées entre les masses épaisses de l'étage supérieur D, qui ont été disloquées et entrainées de manière à donner un libre accès jusqu'à la base sur laquelle elles reposent. Ces deux localités sont Ginetz et Skrey. —

Ginetz est situé vers le bord sud des schistes fossilifères, à environ 10, Kilom. de Duschnik. Ses environs ont fourni jadis au savant Cte. Sternberg, à Zenker et à d'autres paléontologues, les Paradoxides, les Conocephalus et Ellipsocephalus qu'ils ont décrits.

Vers le bord opposé du bassin, à 3 milles allemands = 22 Kilom. au nord de Ginetz, est situé le village de Skrey près duquel j'ai découvert en 1841 un gîte de trilobites beaucoup plus riche en genres et en espèces que celui de l'ancienne localité.

2. CARACTÈRES PALAEONTOLOGIQUES.

Nous avons déjà annoncé ci-dessus que notre but n'est pas de donner ici une classification systématique ni une description détaillée des fossiles. Nous nous bornerons à signaler aux palaeontologues les caractères les plus saillans des genres et des espèces, de manière à faire concevoir autant que possible en peu de mots, les motifs qui nous ont obligé à introduire dans la nomenclature palaeozoïque un assez grand nombre de nouvelles dénominations pour des fossiles auparavant inconnus. Nous passerons sous silence la description des hypostômes que nous avons reconnu appartenir aux diverses espèces, et nous réserverons ces détails pour notre ouvrage.

FAMILLE DES TRILOBITES.

GENRE PARADOXIDES. BRONGN.

1. *Paradoxides Tessini.* BRONGN.

20 anneaux au thorax, comptés sur un grand nombre d'exemplaires bien conservés. — Les plèvres forment dans toute l'étendue de chaque côté une surface plane.

Localité Ginetz.

2. *Parad. Linnaei.* BARR.

18 anneaux au thorax. — Les plèvres sont bombées vers le milieu de leur longueur. La glabelle plus alongée et plus saillante que dans le *Par. Tessini.*

Loc. Ginetz et Skrey.

3. *Parad. Rotundatus.* BARR.

17 articulations au thorax; plèvres convexes comme dans l'espèce précédente. — Le corps dans son ensemble beaucoup plus large que dans les autres trilobites du même genre. Loc. Ginetz et Skrey.

4. *Parad. pusillus.* BARR.

Tête seule connue.

Glabelle alongée, mince, bombée, divisée par quatre sillons, dont les 2 derniers se joignent.

Bord antérieur élargi, plat, bordé d'un filet mince relevé — yeux en demi cercle, s'étendant depuis le premier sillon, jusqu'au droit du sillon occipital, en s'écartant successivement de la glabelle qu'ils touchent par leur bord antérieur.

anneau occipital fortement proéminent. Loc. Skrey.

GENRE CONOCEPHALUS. ZENK.

5. *Conocephalus Sulzeri.* ZENK.

14 anneaux au thorax; yeux à peine visibles auprès de l'angle antérieur de la glabelle.
Loc. Ginetz et Skrey.

Les individus trouvés à Skrey sont granulés sur toute leur surface, et pourraient être considérés comme une variété distincte de cette espèce qui se présente toujours lisse à Ginetz.

6. *Conoc. Striatus.* EMMR.

14 anneaux au thorax — yeux petits mais très-visibles vers le milieu des joues qui sont striées.
Loc. Ginetz et Skrey.

7. *Conoc. Emmrichii.* BARR.

14 anneaux au thorax — yeux plus gros que dans les 2 espèces précédentes et placés au bord du sillon dorsal, vers le milieu de la glabelle. Pygidium plus petit que dans les 2 Conoceph. ci-dessus nommés.
Loc. Ginetz et Skrey.

8. *Conoc. Coronatus*. **Barr.**

> 14 ann. au thorax ! Le bord extérieur des joues s'élève à pic tout autour de la tête et se termine par une arête saillante. Ce bord est interrompu au droit de la glabelle par deux fissures qui en isolent un fragment formant le front de la tête. Nous ne possédons que des parties incomplètes du corps, qui montrent une construction analogue à celle des autres espèces.
>
> Loc. Skrey.

Au sujet du genre Conocephalus nous devons remarquer que nous avons trouvé des individus de chaque espèce roulés en sphéroide, mais ils se présentent le plus souvent étendus.

GENRE ELLIPSOCEPHALUS. ZENK.

9. *Ellipsocephalus Hoffii*. **Zenk.**

> 12 anneaux au thorax; glabelle plate, sans lobation sensible. Loc. Ginetz et Skrey.

10. *Ellipsoc. nanus*. **Barr.**

> 12 anneaux au thorax; glabelle très-saillante, divisée transversalement par trois rainures très sensibles, non compris le sillon occipital. Bord rélevé au droit de la glabelle. Loc. Skrey.

11. *Ellipsoc. tumidus*. **Barr.**

> 12 anneaux au thorax; glabelle très-saillante mais sans rainures transversales — rebord relevé et assez large vers le front. Loc. Skrey.

GENRE ARION. BARR.

Tête alongée, parabolique, occupant un tiers de la longeur de tout le corps. Glabelle peu saillante, ayant un contour concentrique à celui de la tête, et laissant en avant un grand espace. Sillons dorsaux peu prononcés. Sutures faciales parallèles, fort écartées; joues fort étroites; yeux très petits en avant du milieu de la glabelle.

16 anneaux au thorax; plévres coudées et bombées à partir du milieu de leur longueur; arrondies à leur extremité.

Pygidium très petit; tout au plus 2 anneaux à l'axe.

L'ensemble du corps de forme alongéc, ovale.

12. *Arion Ceticephalus.* Barr.

Cette espèce est la seule que nous ayons découverte jusqu'à ce jour. On trouve des individus roulés en sphéroide aplati, mais la plupart sont étendus. Longueur du plus grand individu 35 m. m. — —

Loc. Skrey.

GENRE SAO. BARR.

Tête à peu près demi-circulaire : Glabelle saillante, circonscrite par de profondes rainures dorsales; divisée en quatre segmens par 3 sillons transversaux, croisés sur le sommet par un sillon plus étroit, longitudinal. Joues larges, au milieu des quelles se trouve un oeil saillant, uni par un filet en relief, avec l'angle antérieur de la joue. La suture faciale suit ce filet, conturne l'oil, et se termine dans l'angle postérieur du contour de la tête, comme dans Calym. Blumenbachii.

16 anneaux au thorax. Plèvres coudées à partir du milieu de leur longueur, arrondies à leur extremité.

Pygidium très petit — 2 anneaux? à l'axe.

Ensemble du corps formant un ovale alongé.

13. *Sao — hirsuta.* Barr.

Cette espèce unique a le corps couvert de petits tubercules saillans; plus serrés sur la tête. Longueur du plus grand individu 25 m. m.   Loc. Skrey.

14. *Trilobites decipiens.* Barr.

Nous ne possédons que la tête et une partie du corps de ce trilobite qui paraît former une espèce intermédiaire entre les genres Conocephalus et Ellipsocephalus.

Loc. Skrey.

GENRE BATTUS. DALM.

Agnostus. BRONGN.

Nous ferons d'abord remarquer que tous les Battus que nous connaissons offrent une forme ellipsoidale très alongée, dont les axes sont dans le rapport approché de 3 à 1.

15. *Battus integer*. BEYR.

Décrit par M. BEYRICH dans une notice *,,Ueber einige böhmische Trilobiten.''* *Berlin*. 1845.
Long. 4. m. m. Loc. Ginetz.

16. *B. bibullatus*. BARR.

Cette espèce nous offre les formes les plus simples que nous connaissions jusqu'à ce jour.

Il est fort difficile de distinguer la tête du Pygidium dans ce crustacé, comme dans la plupart des espèces que nous avons à décrire. Nous nous guiderons uniquement par le secours d'une double analogie. 1. dans tous les trilobites en général, la tête est plus proéminente et terminée en avant par une saillie plus abrupte que le Pygidium. 2. Lorsque le corps des trilobites est orné de pointes, ou épines, celles-ci sont le plus souvent dirigées d'avant en arrière.

Battus bibullatus nous offre comme parties principales de son corps deux surfaces bombées, très-saillantes, arrondies à l'extérieur, coupées plus ou moins carrément au côté intérieur. L'une de ces bulles se termine extérieurement par une pente raide, et l'autre au contraire par une déclivité plus douce. D'après les analogies indiquées, nous considérons la 1e. comme la tête, la seconde comme le pygidium.

La tête porte au sommet une légère élévation.

2 anneaux au thorax. Axe bombé, trois fois plus large que les côtés. La plèvre du 1er. anneau est arrondie en-dessus, sans trace de sillon; celle du 2e. anneau est profondément sillonnée jusqu'au bont qui est rond.

Pygidium arrondi, offre au joint une pointe émoussée qui correspond à la surface d'articulation, ainsi que 2 petits rebords latéraux. Sur la bulle on remarque une petite élévation rectiligne qui ne dépasse pas le quart antérieur de la surface. La bulle se termine par une pente douce vers l'arrière, sans rebord au contour.

Long. 6. m. m.   Loc. Skrey.

17. *B. nudus*. BEYR.

Le pygidium seul a été décrit par ce savant auteur.

Battus nudus nous offre les formes les plus voisines de celles de l'espèce précédente.

La tête formée par une bulle unie, saillante, de forme sub carrée au contour, se termine au front par une déclivité assez forte; elle offre à l'arrière une arête saillante sur le sommet.

2 anneaux au thorax. L'axe bombé, quatre fois plus large que le côté. La plèvre du 1er. anneau n'est pas sillonnée, celle du 2e. anneau porte un sillon creux, dans toute sa longueur. Elle est un peu plus saillante en dehors que la première, et se termine par un bout arrondi.

Le pygidium est moins bombé que la tête, il est entouré d'un rebord, déterminé par un sillon creux autour de la bulle. Ce rebord s'élargit vers l'extrémité un peu pointue. Arête saillante sur le quart antérieur de la bulle, mais peu marquée, comme celle de la tête.

Long. 8. m. m.   Loc. Skrey.

18. *B. granulatus*. BARR.

Ce battus de forme beaucoup plus compliquée que les espèces précédentes, porte 5 longues épines, dirigées dans le même sens, et qui nous font distinguer par analogie, la tête du pygidium.

La tête ovoïde, plus large en avant, offre trois divisions concentriques, marquées par des sillons, en s'avançant du front vers le thorax. On pourrait nommer ces divisions, étages, parcequ'elles s'élèvent progressivement depuis le bord antérieur jusqu'au centre. Par analogie avec les trilobites, l'étage le plus bas représente le bord, l'étage moyen les joues, et l'étage supérieur la glabelle.

De même dans le pygidium, en ordre inverse, l'étage supérieur correspond à l'axe, l'étage moyen aux côtés, et l'étage inferieur est le bord. L'étage supérieur, qui est un bulle ovale, porte à son sommet près du thorax,

2 points saillans. Cette glabelle ene même est subdivisée en avant par un sillon coudé, dont l'angle est antérieur. Cette subdivision correspond à la lobation de la glabelle des trilobites.

3 épines sortent de la tête, l'une au milieu, les autres sur les côtés, et se dirigent vers le pygidium.

2 anneaux au thorax. Axe bombé, portant un point saillant à l'arrière de chaque anneau, 3 fois plus large que le côté. Les 2 plèvres sont sillonnées profondément, mais diffèrent un peu par leur forme compliquée.

Pygidium, en demi-ellipse, tronquée en avant, offre en arrière deux épines partant des 2 côtés extérieurs. Il est composé de 3 étages, concentriques, séparés par des sillons. L'axe est formé par un bulle alongée, divisée en 4 lobes distincts de chaque côté. Six lobes latéraux se réunissant 2 à 2 sur le sommet, forment une pointe dirigée vers l'arrière. Les 2 derniers se fondent en un bout arrondi.

L'axe d'*asaphus nobilis*. Barr. nous offre un dessin qui a beaucoup d'analogie avec la lobation que nous venons de décrire.

Tout le corps est couvert d'une granulation serrée, régulière. Les contours extérieurs sont ornés de petits cils, visibles dans peu d'exemplaires, et seulement au pygidium.

Longr. 7. m. m.   Loc. Skrey.

19. *B. orion.* Barr.

La tête nous présente trois divisions concentriques: le bord étroit, les joues plus larges au milieu, et la glabelle à l'intérieur; les 2 dernières divisions successivement étagées.

La glabelle est divisée par un sillon transversal, qui en détache un lobe antérieur arrondi au front. Sur le lobe postérieur plus saillant le sommet est formé par une arête longitudinale.

2 anneaux au thorax. L'axe est quatre fois aussi large que les côtés. Les anneaux forment une protubérance arrondie à chacune de leurs extrémités. Les plèvres sont sillonnées dans leur longueur.

Le pygidium est formé de trois parties concentriques très analogues à celles de la tête. Mais la partie intérieure qui représente l'axe n'est pas lobée, elle offre une extrémité en pointe émoussée, qu'un sillon sépare de la division correspondant au côté. Bord extérieur arrondi, un peu élargi au bout.

Long. 2. m. m. Loc. Skrey.

20. *B. affinis*. BARR.

Cette forme est très-analogue à la précédente dont elle se distingue par trois différences constantes.

1. Les joues formant la division concentrique qui entoure la glabelle, sont irrégulièrement plissées.
2. L'axe du pygidium est très aplati au bout et se prolonge en angle assez aigu, qui pénètre en partie à travers les joues. On aperçoit aussi des traces de sillons transversaux, derrière l'arête saillante qui orne son sommet.
3. Le contour extérieur du pygidium offre une forme sub-carrée, par suite de l'élargissement du bord sur les côtés.

Les 2 anneaux du thorax sont conformés à peu-près comme dans *B. orion*.

Longr. 8. m. m. Loc. Skrey.

21. *B. Rex*. BARR.

Ce Battus atteint des dimensions plus grandes que les autres espèces nommées ci-dessus.

Tête terminée en ogive vers le front. — Bord large, formant un bourrelet au contour extérieur. Joues étroites, disparaissant au droit du sillon transversal qui divise la glabelle. Le lobe antérieur de celle-ci est uni, et forme un demi-cercle. Le lobe postérieur est presque carré; porte en avant un léger sillon de chaque côté; son sommet est orné par une arête qui se termine par un petit tubercule près du joint thoracique.

Derrière la tête, le sillon occipital est très-prononcé, et l'anneau occipital offre cinq petites saillies ou surfaces d'articulation.

2 anneaux au thorax. Axe 3 fois plus large que le côté. Les anneaux sont renflés en nodules à leurs extrémités. Sur leur sommet, ils présentent une dépression sur laquelle s'appuie un appendice saillant de la partie du corps qui suit en arrière. Cet appendice forme une pointe qui dépasse la hauteur de l'anneau. Cette saillie par sa direction vers la tête, pourrait in-

duire en erreur sur la distinction des parties du corps, si nous n'étions dirigés par une autre analogie.

Les plèvres sont sillonnées, la 1e. par un sillon qui se courbe en avant, la 2e. par un sillon droit; elles sont arrondies à leur extrémité.

Le pygidium est très analogue à la tête, mais on le distingue par l'absence du sillon transversal qui partage la glabelle. Le bord est large, entouré d'un bourrelet plat. Les côtés n'atteignent pas le bout de l'axe. Celui-ci est formé d'un corps alongé, arrondi au bout postérieur; il est surmonté d'une arête saillante, sur les deux tiers de sa longueur. Entre cette arête et les joues, sont trois sillons, dont le 1e. est oblique.

Long. 18. m. m.   Loc. Skrey.

22. *B. Cuneifer.* Barr.

Dans cette espèce très-petite, il est très-difficile de distinguer la tête du pygidium, parceque nous ne trouvons aucune trace de lobation dans la glabelle.

Cependant, comme en général dans les autres espèces l'axe du pygidium se termine en arrière par une pointe plus aigue, nous suivrons cette analogie.

Tête bordée d'un rebord mince. Joues étroites en arrière, formant en avant une surface large entre la glabelle et le bord. Glabelle de forme à peu-près carrée, portant au sommet une élévation rectiligne, à partir de l'arrière jusques vers le milieu.

Le thorax manque, quoique les deux parties que nous décrivons soient exactement juxta-posées.

Pygidium de forme un peu alongée comme la tête. L'axe représente un triangle aigu dont la base est vers le thorax.

Les côtés et le bord extérieur forment autour de lui deux courbes concentriques arrondies, diminuant successivement de relief.

GENRE HYDROCEPHALUS. BARR.

La tête ressemble à une hémisphère et rappéle celle de *Spaerexochus mirus.* Beyr. dans des dimensions microscopiques. Elle est occupée presque en entier par la glabelle.

Joues très-étroites, formant une sorte de bord autour de la glabelle et portant des yeux alongés en demi-ellipse; leur angle postérieur prolongé en pointe. Derrière la glabelle une protubérance saillante.

Corps triangulaire; 6 à 7 anneaux visibles, chacun d'eux terminé par une longue épine.

Pygidium indistinct du corps.

23. *Hydrocephalus Carens*. Barr.

Tête sans sillons sensibles à l'occiput. Bord antérieur très-étroit, relevé.
Protubérance peu saillante, sur l'anneau occipital.
Long. 2. m. m.   Loc. Skrey.

24. *Hydrocephalus Saturnoïdes*. Barr.

2 sillons transversaux très-marqués à l'occiput. Bord antérieur de la tête large et plat.
Protubérance occipitale très saillante, surmontée d'un point saillant au milieu.
Long. 2. m. m.   Loc. Skrey.

GENRE MONADINA. BARR.

Tête alongée, front rectiligne, angles postérieurs des joues prolongés en pointe. Glabelle étroite, évasée vers le front, obscurément lobée par 3 impressions latérales, circonscrite par des sillons dorsaux prononcés; yeux? 3 à 4 anneaux au thorax.

Plèvres coudées vers le milieu, creusées par un sillon longitudinal assez large.

Pygidium indistinct.

Les deux espèces que nous indiquons ci-après, sont microscopiques.

25. *Monadina distincta*. Barr.

La longueur de la tête est à peu près moitié de celle du corps entier.
4 anneaux distincts au thorax. Plèvres coudées, creu-

sées dans leur longueur par un large sillon, et terminées par une pointe.

L'axe du corps aussi large que la moitié de l'un des côtés.

Pygidium indistinct.   Loc. Skrey.

25. *Monadina omicron.* Barr.

Se distingue par un tête plus longue, occupant les trois cinquièmes du corps.

2 à 3? anneaux au thorax. Plèvres comme soudées ensemble, formant à l'extérieur un bord continu. Pygidium indistinct.   Loc. Skrey.

27. *Trilobites — desideratus.* Barr.

Nous ne possédons de ce trilobite qu'une pièce intérieure? d'une forme toute particulière et très distincte, qu'on ne peut attribuer ni aux Ellipsocephalus, ni aux Paradoxides, dont les hypostômes nous sont tous connus.
                          Loc. Ginetz.

Les **24** espèces de trilobites que nous venons de passer en revue forment presque exclusivement la faune des schistes fossilifères de cet étage. Nous n'avons à indiquer de de plus que quelques moules d'un corps plus ou moins alongé, à bord plissés, de la dimension de **6** à **10** millim; et que nous ne saurions en ce moment rapporter à aucune famille, si ce n'est peut-être à celle des Zoophytes. — Ces moules laissent ordinairement entre leur surface et la roche qui les renferme un espace vide, leur forme rappèle celle d'un lichen. Nous nous bornerons donc à leur donner le nom de: *Lichenoïdes priscus.* Nous pouvons en outre indiquer la présence d'une ou de deux espèces d'orthis.

Si nous comparons maintenant cette série de trilobites avec la faune des autres contrées où on a décrit le système Silurien, nous remarquons, que:

1. Aucune des espèces ci-dessus nommées ne se trouve, à notre connaissance du moins, ni en France ni en Russie.

2. Si le *Paradoxides Tessini*, indiqué avec doute comme appartenant aux Llandeilo flags du pays de Galles, par Sir

Roderic Murchison, dans son Memoir *on the palaeozoïc deposits of Scandinavia*, 1845, se trouve réellement dans ces terrains, cette espèce très-caractéristique serait commune à la Bohême et à la grande Bretagne. De plus les demi-*Agnostus pisiformis* représentés dans le Silurian system pl. 25. f. 6 — ont la plus grande analogie avec notre Battus Orion, et on peut les considérer commes équivalents. Le seul fait que le genre Battus a des représentans dans les couches inférieures du pays de Galles et dans celles de Bohême suffit pour rapprocher ces formations, car ce genre ne s'étend pas sur une grande hauteur verticale. Sir Roderic Murchison dit que leur position géologique dans les Isles Britanniques est dans la partie basse du système Silurien.

D'après ces rapprochemens qui sont malheureusement fondés sur très-peu d'espèces, nous nous croyons cependant autorisés à conclure: Que l'étage inférieur C de notre division moyenne, correspond aux couches fossilifères l e s p l u s b a s s e s de la grande Bretagne, à celles qui contiennent les Agnosti.

Nous aurons occasion d'expliquer ci-dessous pourquoi nous excluons en ce moment les autres couches plus élevées des Llandeilo flags.

3. En Suède et en Norwège le *Paradoxides Tessini* et l'*Agnostus pisiformis* nous offrent les mêmes élémens de comparaison avec la Bohême, car ces deux espèces sont aussi les seules qu'on puisse identifier dans les deux pays. Elles appartiennent l'une et l'autre aux schistes alunifères qui forment la base du système silurien de Scandinavie, ainsi que l'a reconnu Sir Rod. Murchison dans le mémoire déjà cité, où il leur assigne la même hauteur géologique qu'aux schistes et aux *Calcareous flags* de Llandeilo.

Sans entrer dans une plus longue discussion, ni chercher à établir des rapprochemens avec d'autres contrées moins classiques que celles dont nous venons de parler, nous énoncerons de nouveau la conclusion:

Que l'étage C des schistes fossilifères du centre de la

Bohême se trouve dans le même horizon géologique que les formations fossilifères les plus anciennes de Suède, de Norwège, et des Isles Britanniques. Il forme donc la base des terrains protozoïques selon la dernière classification du Rev. prof. SEDGWICK.

ETAGE SUPÉRIEUR DE LA DIVISION MOYENNE. D.

1. CARACTÈRES GÉOGNOSTIQUES.

La masse qui forme cet étage dans la majeure partie de sa hauteur, est composée de roches dans les quelles dominent les élémens siliceux. En parcourant la vallée de la Litawa au-dessus et au-dessous de Ginetz on peut voir le passage brusque des schistes fossilifères noirâtres et terreux, aux conglomérats siliceux et aux quartzites d'une couleur assez blanche, d'un aspect souvent vitreux. Aux points de contact de ces deux étages, on serait tenté de croire que leurs couches ne sont pas conformables; mais dans tous les cas, la discordance, si elle existe, est si faible qu'on peut l'attribuer aux dislocations locales qu'ont subies ces formations, sans doute à plusieurs reprises.

En considérant cet étage suivant son étendue verticale, il nous présente des différences notables dans la nature des roches. La roche dominante vers la base est le schiste siliceux qui varie d'aspect et de couleur suivant les localités, depuis le noir jusqu'au bleu sale. Au-dessus reposent d'épaisses couches d'un conglomérat ordinairement grossier, dont tous les élémens sont quartzeux et se désaggrègent difficilement. Plus haut paraissent les quartzites d'une nature aussi toute siliceuse, et souvent d'un grain si fin, d'un aspect si vitreux et si brillant, qu'on les croirait plutôt formées par une action chimique que par un simple dépôt mécanique. Enfin à la partie supérieure dominent des schistes, ordinairement noirs et très feuilletés, renfermant des bancs plus rares de quartzite, comme pour témoigner l'état d'épuisement des sources qui avaient auparavant fourni de si énormes masses de silice.

Il est inutile de mentionner ici les alternances usuelles de ces formations au voisinage de leurs points de contact.

Dans le sens horizontal, on peut suivre tout autour du bassin chacune des quatre formations successives que nous venons d'indiquer sur l'échelle verticale, et elles offrent aussi une grande inégalité dans leur distribution géographique.

Le schiste siliceux domine dans toute la partie sud-ouest du terrain palaeozoïque. Il y forme une masse presque continue qui occupe environ le quart de la surface totale du bassin entier, sous la forme d'un triangle dont le sommet est à l'ouest de Klattau. La hauteur de ce triangle mesurée depuis Drslawitz jusqu'à Mireschau, est de plus de 45 Kilom. la base entre Rosenthal et Rokitzan a 24 Kilom. d'étendue.

Si l'on franchit cette base en allant vers le nord-est, on rencontre le dépôt principal des conglomérats siliceux qui constitue toute la masse des montagnes Trzemoschna et une partie de celles qu'on nomme Brdiwald. Mais la surface occupée par ces roches à élémens grossiers, est à peine le tiers de celle que couvrent les schistes siliceux. D'ailleurs elles laissent sur leur flanc nord-ouest un espace considérable à la quartzite qui devient à son tour dominante à mesure qu'on marche dans le centre du bassin suivant la direction Nord-est. C'est justement au milieu de la masse principale des quartzites dont nous parlons, qu'est faite la trouée qui a mis à découvert les schistes fossilifères de Ginetz.

Après avoir franchi les quartzites, dans la direction nord-est, on parvient aux schistes noirâtres feuilletés, avec bancs isolés quartzeux Ils occupent tout le terrain entre Hostomitz et Horzowitz; la ligne qui joint ces deux villes formant leur limite avec la masse des quartzites. Ils s'éten_ dent ensuite sur toute la surface du terrain vers le nord-est jusqu'aux calcaires formant la division supérieure, qu'ils entourent de tous côtés et qu'ils isolent comme une île au centre du bassin palaeozoïque. En résumé : cet étage offre **4** groupes distincts : à la base 1°. les schistes siliceux, 2°. en remontant les conglomérats quartzeux, 3°. les quartzites, et 4°. les schistes noirâtres.

Nous devons ajouter que chacune des masses que nous avons sommairement décrites dans leurs rapports de position verticale et horizontale, à partir du centre où elle domine, se prolonge de chaque côté du bassin par une bande concentrique aux contours généraux ' du terrain palaeozoïque.

Ces bandes de schiste siliceux, de conglomérat et de quartzite vont en se retrécissant vers le nord-est, où on pourrait les voir se réunuir pour fermer le bassin par autant de courbes concentriques, si l'extrémité n'était recouverte par le *Quadersandstein* entre Chwala et Kaunitz, à l'est de Prague.

D'après ces observations on est en droit de concevoir que chacune des **4** formations que nous venons de distinguer dans l'étage D, couvre d'une manière plus ou moins continue la surface de celle sur laquelle elle repose, ou en d'autres termes : qu'il y a autant de bassins superposés, que nous avons indiqué de formations successives dans la hauteur. Ici nous faisons abstraction des lacunes locales dont nous ne saurions apprécier l'étendue.

Nous ne pouvons pas estimer jusqu'à ce jour d'une maniére bien précise la puissance verticale de ces **4** formations. Mais on s'en fera une idée par ce fait qu'au droit de Ginetz c. à. d. au lieu où les quartzites ont dû le plus perdre de leur hauteur par l'effet de la dénudation dont nous avons parlé, on leur reconnait encore une puissance d'environ **400** mètres. Or la formation des quartzites est celle qui nous parait en somme la moins épaisse des **4** qui composent l'étage D.

Nous espérons pouvoir communiquer plus tard des documens plus développés sur cette question.

Un fait qui ne doit pas être passé sous silence, c'est que depuis la base des terrains azoïques du système Cambrien jusqu'au niveau supérieur de l'étage D, on ne peut signaler la présence d'aucune couche notable de calcaire. Je possède seulement un morceau de cette roche, trouvé au milieu des quartzites et renfermant des têtes du *Trinucleus ornatus*. Mais je n'ai jamais pu découvrir la couche à laquelle appartient ce fragment. D'autres indices de calcaire en couche très-mince ont été découverts près de Prague, avec des empreintes de trilobites, parmi les quartzites de l'étage D. Ce fait m'a été communiqué par M. le prof. Zippe, mais j'ai vainement cherché à retrouver ce lit mince de calcaire, qui probablement ne formait qu'une lentille.

Il est donc à remarquer que l'élément calcaire a complétement manqué aux formations que nous avons jusqu'ici sommairement décrites.

2. Caractères palaeozoiques.

FAMILLE DES TRILOBITES.

GENRE PHACOPS. EMMR.

1. *Phacops proaevus.* Emmr.

> 11 anneaux au thorax. Angles postérieurs de la tête terminés par une pointe très-courte.
>
> Loc. Praskoles.

2. *Phac. Socialis.* Barr.

> 11 anneaux au thorax. Angles postérieurs de la tête prolongés en épine d'un centimètre environ de longueur; appendice caudal de 2 centim. Ce trilobite a d'ailleurs beaucoup d'analogie avec *Ph. proaevus.*
> Longueur des plus grands individus : 8 centim.
>
> Loc. Wesela etc. etc. près Béraun.

3 *Phac. Hawlei.* Barr.

> corps inconnu. Tête demi-circulaire entourée d'un bord plat, tranchant, un peu convexe au front. — Glabelle étroite à la base occipitale, s'élargissant jusqu'aux trois

quarts de sa longueur, lobée par trois sillons latéraux qui n'atteignent pas le milieu; sillon frontal très-oblique. Sillons dorsaux étroits, mais bien prononcés. — Yeux placés au bord de ces sillons, occupant en longueur la moitié de la glabelle et couvrant la moitié de la surface des joues. Facettes très-nombreuses.

Pygidium. 7? articulations à l'axe, plus un prolongement saillant. Sur chaque flanc trois côtes inégalement subdivisées dans leur longueur par un sillon; leur direction tendant à devenir parallèle à l'axe.

Loc. Wesela.

4. *Phac. Sclerops. dalm.*

Nous ne possédons qu'une seule tête de ce trilobite. Elle a été trouvée dans les quartzites des hauteurs au nord-ouest de Béraun.

5. *Phacops elongatus.* BARR.

Tête semi-circulaire; glabelle s'élargissant à partir de la base jusqu'aux trois cinquièmes de la longueur, arrondie au front. 3 sillons latéraux prononcés; sillons dorsaux profonds. Yeux assez gros, entre le 1^r. et le 3e. sillons latéraux. Joues étroites.

11 anneaux au thorax. Plèvres coudées, sillonnées obliquement, arrondies au bout.

Pygidium court, arrondi, entouré d'une étroite bordure. 3 articulations distinctes à l'axe, et deux côtes latérales fendues par un sillon atteignant la bordure.

L'extrémité de l'axe émoussée, s'arrêtant à la bordure.

Forme générale du corps un parallélogramme alongé, arrondi aux angles. Longueur 20 m. m.

Largeur 9 m. m. Loc. près Béraun.

6. *Phac. dubius.* BARR.

D'après un pygidium très caractérisé par une large bordure. 11 anneaux à l'axe, 7 côtés latérales, obliquement sillonnées jusqu'à la bordure où elles se terminent..

Loc. près Béraun.

Une tête isolée provenant de la même localité se trouve dans la collection de M. le capit. de cercle HAWLE. Nous supposons qu'elle appartient au même trilobite, mais nous ne la connaissons pas assez bien pour la décrire.

7. *Phac. Phillipsii.* BARR.

Tête semi-circulaire. Glabelle alongée, un peu plus large au front qu'à la nuque. Un seul sillon latéral marqué, très-près du sillon occipital; deux autres traces indistinctes de sillons latéraux.

Yeux gros, à nombreuses facettes, alongés, placés contre les sillons dorsaux immédiatment en avant du sillon latéral.

La suture faciale fait un angle aigu au coin postérieur de l'oeil, et va rejoindre le bord des joues en décrivant une courbe convexe vers le front. Dans *Ph. Socialis* cet angle est droit.

Corps imparfaitement connu.

Le pygidium que nous supposons appartenir à cette espèce est parabolique. L'axe est étroit et porte 4 anneaux distincts. 2 côtes peu sensibles.

L'axe s'efface avant d'atteindre le bord qui n'offre aucun prolongement caudal.

GENRE CALYMENE. BRONGN.

8. *Calymene Pulchra.* BARR.

Tête semi-circulaire. Lobe postérieur de la glabelle fortement prolongé en avant. Bord inférieur des joues orné d'une série de pointes serrées, dirigées vers le bas et un peu obliques en arrière.

Corps inconnu?

Pygidium — 7 articulations à l'axe — 5 côtes latérales saus sillon apparent sur le moule.

Toute la surface du corps porte l'empreinte d'une granulation serrée.

9. *Calym. parvula.* BARR.

Tête sub-triangulaire plus large que le corps, terminée en avant par un rebord fortemcut rélevé et prolongé. Glabelle lobée par 3 sillons latéraux peu profonds. Sillons dorsaux marqués; près d'eux sont placés les yeux. Joues étroites s'abaissant presque perpendiculairement vers les bords.

13 anneaux au thorax; largeur de l'axe à peu-près égale à celle des flancs coudés à angle droit, à partir du milieu.

Pygidium: 6 a 7 articulations à l'axe, 5 côtes latérales sillonnées dans leur longueur.

Tout le corps fortement amînci à partir de la nuque jusqu'à l'arrière.

Longueur 32 m. m.

Loc. environs de Beraun.

10. *Calym. incerta.* BARR.

Tête semi-circulaire, distinguée de *calym. Pulchra* par un front rectiligne.

Corps inconnu.

Pygidium fortement bombé transversalement; 3 ou 4 articulations distinctes à l'axe, 2 côtes latérales sillonnées.

Loc. Praskoles.

GENRE ODONTOPLEURA. [1]) EMMR.

11. *Odontopleura Buchii.* BARR.

Tête en forme de trapèze transversal dont la hauteur mesurée suivant l'axe du corps n'est que le tiers de la largeur.

Glabelle alongée, fortement déprimée, en contrebas des renflemens latéraux qui forment une double série de chaque côté. Yeux semi-circulaires au bord immédiat des renflemens.

Joues larges, entourées d'un bourrelet, prolongées en longue pointe à l'angle postérieur.

8 anneaux au thorax, largeur de l'axe un peu moindre que celle des côtés. Chacun des anneaux orné latéralement d'un lobe alongé dirigé vers la tête.

Plèvres dans un mêmeplan, ornées par un bourrelet saillant dirigé obliquement d'arrière en avant, augmentant successivement de largeur et de relief jusqu'au bord extérieur, où il s'arrondit. De cette extrémité se détache une longue épine oblique à l'axe.

Pygidium en demi-cercle sans épines au pourtour,

---

[1]) Le genre odontopleura Emmr. parait être identique avec le genre Ceraurus. Green. ainsi que l'a fait observer M. Lovén dans son 1er mémoire 1845. Le nom Ceraurus étant plus ancien devra être adopté lorsqu'il ne restera plus de dontes sur l'identité.

3 articulations à l'axe, une côté en relief part de la première et se prolonge jusqu'au bord.

Longueur 9. centim.   Loc. Wesela-Praskoles etc.

12. *Odontopl. primordialis.* BARR.

Tête arrondie, plus large que longue. Glabelle alongée un peu évasée au front, flanquée de 3 lobes latéraux distincts, de plus en plus petits vers l'avant. En dehors de ces lobes un renflement qui les borde, et porte l'oeil à l'intérieur, un peu en arrière du milieu de la tête.

Anneau occipital large, orné de 2 épines parallèles a l'axe, dirigées en arrière.

9 anneaux au thorax. L'axe du corps aussi large que les côtés.

Plèvres planes, ornées par un bourrelet en relief parallèle à leurs bords, renflé au bout, et se prolongeant en épine oblique à l'axe.

Pygidium en demi-cercle; 2 anneaux à l'axe. Une côte saillante part du 1er. Sur la moitié du pygidium les épines du pourtour sont ainsi disposées à partir du thorax: 3 courtes, 1 longue correspondant à la côte, puis 2 courtes et un vide au droit de l'axe.

Le corps est ovoide, et couvert de petits tubercules assez espacés.

Longueur 27 m. m.   Loc. environs de Béraun.

GENRE ASAPHUS. BRONGN.

Nous entendons ce genre tel qu'il a été limité par Burmeister dans son excellent ouvrage: die Organitation der Trilobiten.

13. *Asaphus ingens.* BARR.

Tête transversale, arrondie, entourée par un large bord un peu concave qui se prolonge en pointe jusqu'au droit du 5e. anneau.

Glabelle peu distincte, yeux en demi cercle, saillans, petits par rapport à la grande surface des joues.

8 anneaux au corps. Sillons dorsaux peu marqués, axe peu saillant, moitié moins large que les côtés.

Plèvres coudées à partir du milieu, où s'arrête le sillon oblique qui les divise; leur extrémité arrondie en avant.

Pygidium incomplètement connu, offrant un assez grand nombre d'articulations à l'axe.

Longueur totale 28 à 30 centim. en supposant le pygidium aussi long que la tête.　　　Loc. Wesela.

14. *Asaphus nobilis.* Barr.

Connu seulement par des pygidium de 12 cent. de diamètre, de forme un peu parabolique, très caracterisés par la sculpture du têt et un large bord plat.

14 articulations à l'axe ; 7 côtes larges correspondent aux 7 premiers anneaux.

Les lignes qui séparent les anneaux forment un sinus saillant vers l'arrière et sont accompagnées d'autres courbes concentriques que je considère comme des ornemens, autrement on compterait plus de 20 articulations distinctes.

Plus de 12 sillons paraboliques contournant par leur sommet l'extremité de l'axe, étendent leurs branches sur les flancs et traversent les côtés sous un angle obtus.

Toute la surface du têt est ornée de nervures fines, ramifiées près du bord. On remarque des stries fines transverses, entre ces nervures.

Les fragmens de la tête et du corps que nous possédons sont ornés comme le pygidium par des sillons parallèles à l'axe. Les plèvres larges portent au milieu une arête saillante qui se prolonge jusqu'au bord. Leur extrêmité forme une pointe courte, aigue, tournée en arrière.　　　Loc. Praskoles.

GENRE CHEIRURUS· BEYR.

15. *Cheirurus claviger.* Beyr.

Voir la description détaillée dans Beyrich *über einige Böhmische trilobiten* 1845. La tête et le pygidium seuls sont connus.

GENRE TRINUCLEUS. LHWYD.

16. *Trinucleus ornatus.* Sternb.

Tête semi-circulaire, entourée d'un bord large, prolongé

en arrière par 2 épines qui dépassent de beaucoup la longueur du corps. 4 rangs de points au droit du front, 6 rangs à l'arrière des joues. Les points rangés en lignes rayonnantes.

Glabelle saillante, élargie en avant, et proéminente sur le bord. Joues bombées et lisses à leur surface, une épine inclinée arriére sur le milieu de l'anneau occipital.

6 anneaux au thorax. Plèvres dans un même plan, à bords parallèles, creusées dans leur longueur par un sillon arrondi au fond.

Pygidium triangulaire, d'une longueur à peu près egale à 3 anneaux du thorax. 3 articulations à l'axe 2 côtes atteignant le bord du triangle.

Ce trilobite se trouve souvent roulé en sphéroide.

Longueur 25 à 30. m. m.   Loc. Wesela.

17. *Trinucleus Goldfussii*. BARR.

Tête transverse, d'un tiers plus large que le corps. Rebord étroit et peu convexe à l'avant, rentrant sur les côtés de manière à former un angle obtus au droit de joues. Un bourrelet saillant au contour extérieur de ce bord, portant une série de points à sapartie supérieure; 3 lignes de points au droit de la glabelle, 6 rangées à l'arrière des joues qui se prolongent en une longue pointe divergente du corps. Surface des joues couverte de petites cavités. Souvent les pointes manquent, à l'angle postérieur des joues qui paraît arrondi, parce qu'il est contourné par la suture faciale.

6 anneaux au corps. Plévres dans un même plan creusées dans leur longueur par un sillon concave.

Pygidium triangulaire d'une longueur égale à la $\frac{1}{2}$ du thorax; 3 articulations visibles à l'axe, 2 côtes latérales distinctes; le bord légèrement relevé tout autour.

Longueur 25 m. m.   Loc. Praskoles etc.

18. *Trinucleus Bucklandi*. BARR.

Nous ne connaissons que la tête très-remarquable de ce trilobite.

Contour un peu parabolique; Bord étroit, très incliné, prolongé en pointes divergentes à partir de l'angle postérieur; trois raugées de points au droit du front, 6 rangées à l'angle derrière la joue.

Glabelle inégalement lobée par deux sillons latéraux, outre le sillon occipital.

Le lobe frontal très saillant, en forme de sphère détachée en relief, et ne tenant à la base que par un tiers de la surface. Cette sphère frontale occupe la moitié-de la longueur de la glabelle. La moitié postérieure forme une sorte de pédicule étroit qui correspond à l'axe du corps et se trouve étranglée par les sillons latéraux.

Les joues bombées, séparées de la glabelle par de profonds sillons dorsaux, forment une pente rapide vers le bord.

Au sommet du bombement des joues est un tubercule rond, saillant, persistant sur tous les moules, et indiquant la place de l'oeil.

Les traces de la suture faciale sont invisibles.

Long. 9. Larg 15. m. m.   Loc. près Beraun.

GENRE CAPHYRA. BARR.

19. *Caphyra radians.* **BARR.**

D'après un pygidium dont les formes ne peuvent se classer parmi celles d'aucun genre à nous connu.

En avant est une saillie formée par un joint d'articulation très-large.

Toute la surface est légèrement bombée, et marquée de chaque côté par 3 sillons concaves en avant, laissant au centre un intervalle qui figure l'axe et se prolonge en arrière par un appendice du pygidium.

Un bord très marqué par un sillon, entoure la surface entière, et diminue de largeur vers l'arrière, où il est intercepté par la saillie de l'axe.

Les sillons dorsaux ne sont pas indiqués.

Long. 15. m. m.   Loc. près Beraun.

Parmi nos exemplaires les uns sont transversaux, les autres alongés.

GENRE DIONÉ. BARR.

Tête arrondie en demi-cercle; entourée d'un bord très-étroit, qui se termine par des pointes parallèles à l'axe, plus longues que le corps. Glabelle plate, arrondie, portant une impression creuse chaque côté de la nuque. Joues très-légèrement convexes, couvertes de petites cavités irrégulièrement juxtaposées. Elles sont traversées par une sorte de sillon oblique partant du front de la glabelle et se dirigeant vers l'angle postérieur de la tête. Ce sillon serait-il une trace de la suture faciale? Nous le trouvons plus ou moins indiqué dans plusieurs exemplaires; deux d'entr'eux montrent une petite lacune à la pointe antérieure de ce sillon, comme si un tubercule en avait été séparé.

6 anneaux au thorax.

Axe vertébral moins large que les côtés, diminuant de largeur à l'arrière.

Plèvres dans un même plan, coudées légèrement vers le bout, prenant leur origine à un nodule saillant inséré entre deux anneaux de l'axe; partagées dans leur longueur par un sillon peu oblique, peu profond, et très étroit. Extrémité arrondie.

Pygidium alongé, triangulaire. 25 articulations à l'axe, 17 côtes latérables visibles, aboutissant à un bord plat qui entoure le pygidium.

20. *Dione formosa*. **Barr.**

Espèce unique. — Longueur 20. m. m.

Loc. environs de Béraun.

Nous avions d'abord pensé qu'on pourrait réunir l'espèce précédente au genre *Trinucleus,* mais elle présente des différences trop notables dans la forme de la tête et des plèvres, pour subir cette réunion.

GENRE ILLAENUS. DALM.

21. *Illaenus perovalis*. **Murch.**

Loc. Praskoles-Béraun.

22. *Illaenus crassicauda*. **Wahl.**

Loc. Béraun.

Ne possédant que le pygidium des deux espèces, et la tête de la seconde, nous ne pouvons indiquer qu'une détermination qui laisse quelque doute.

23. *Trilobites Lindaueri.* **Barr.**

D'après un pygidium unique, bien caractérisé, fortement bombé transversalement.

6 anneaux à l'axe, dont un rudimentaire;* 5 côtes simples, séparées par un intervalle creux égal en largeur aux côtes.

Celles-ci sont prolongées dans toute leur largeur hors du pygidium, sur une longueur égale à celle qui est soudée sur le côté.

Ce pygidium semble indiquer une espèce intermédiaire autre les *odontopleura* et les *paradoxides.*

Long. 20. m. m. Largeur 25. m. m.

Nous devons la connaissance de cette espèce à **M.** Lindauer directeur des usines de la seigneurie d'Horźowitz.

GENRE EGLÉ. BARR.

Tête arrondie; glabelle saillante; sillons dorsaux divergens à partir de la nuque. Yeux? joues?

6 anneaux au thorax; le premier aussi large que les 2 côtés pris ensemble, les suivans diminuant rapidement de largeur; axe peu bombé, sillons dorsaux bien prononcés.

Plèvres bombées légèrement, rectilignes, creusées par un large sillon, arrondies à l'extrémité. La première plèvre très-courte, les suivantes plus longues, augmentant en raison inverse de la diminution de largeur de l'axe. Les bords extérieurs des plèvres forment une ligne droite parallèle à l'axe.

Pygidium à peu-près semi-circulaire ; l'axe réduit à un seul anneau élémentaire, comme dans le genre *Bronteus.* 2 côtes plates rayonnant à partir de cet élément arrondi de l'axe.

Le reste de la surface, très-peu bombé. Un rebord peu saillant entoure le pygidium.

24. *Egle rediviva.* **Barr.**

Espèce unique. Longueur 12. m· m.

Loc. Béraun.

25. *Báttus tardus.* BARR.

> Forme parabolique. Un bord large, épais, saillant, entoure la glabelle qui est unie, conique, émoussée à la pointe et sans sillons. 2 appendices articulaires derrière la glabelle.
> Long. 4. m. m.   Loc. près Béraun.

Avant d'aller plus loin, nous devons faire observer que tous ces trilobites se trouvent uniquement dans les couches supérieures des quartzite, et dans celles des schistes qui leur sont superposés. Les couches inférieures des grès quartzeux, les conglomérats et les schistes siliceux qui forment la base de l'étage D. ne nous ont offert jusqu'à ce jour aucune trace d'êtres organisés. Parmi tous les fossiles que nous avons nommés, ci-dessus, *trilob. Lindaueri* est celui qui appartient à la couche la moins élevée.

La famille des crustacés qui composait exclusivement la Faune de l'étage immédiatement inférieur C., n'est pas complètement isolée dans l'étage D. Les autres familles y sont aussi représentées, mais par un très-petit nombre d'espèces et d'individus.

1. Parmi les Hétéropodes deux espèces de Bellérophon dont l'une est B. *acutus,* Murch. et l'autre se rapproche beaucoup de *B. bilobatus* du même auteur.
2. Les Céphalopodes ne nous ont fourni que quelques fragmens d'orthocères, sans têt. sans siphon, et parconséquent peu faciles à bien déterminer exactement.
3. Les Ptéropodes sont représentés par 4 espèces de connularia. C. *quadrisulcata.* Sow. *C. pyramidata. Deslonch.* Une autre espèce à 8 sillons ressemble beaucoup à celle que Portlock nomme *C. quadrisulcata* Sow. bien que sa figure ne s'acorde pas avec celle du Silurian System pl. 12.
4. Parmi les Brachiopodes, 4 espèces d'orthis. L'une est *O. semicircularis.* Murch. L'autre nous semble identique à celle qui a été indiquée avec doute par

3 *

le même auteur comme *O. testudinaria. Dalm.* mais comme elle est fort différente de l'espèce de Suède, nous l'avons nommée O. *redux.* Les deux autres nous semblent nouvelles.

Une espèce d'orbicule, sans têt, et une seconde striée, qui rappèle *Orb. striata. Murch.* sans être indentique.

5. Les Monomyaires et les Dimyaires sont représentés par deux espèces d'avicules sans têt, dont l'une analogue à *A. orbicularis,* et quelques autres moules de bivalves, peu distincts.

6. Une espèce d'encrine appartenant au genre Agelacri nites de Vanuxen.

7. Plusieurs polypiers mal conservés, parmi les quels nous reconnaissons *Porites pyriformis* — Lonsd.

Par cette revue sommaire qui indique cependant pres que toutes les espèces, on peut juger combien l'étage D. qui nous occupe, est pauvre en fossiles, si ce n'est en trilobites. Cela tient sans doute à l'absence de toute couche calcaire, et il paraît que les Crustacés des mers Siluriennes prospéraient au milieu des eaux chargées de silice, dans les quelles les mollusques ne pouvaient pas vivre facilement.

Avant de comparer cet étage avec les types Siluriens des autres pays, nous devons faire observer la différence totale qui existe entre les fossiles qui lui appartiennent, et ceux de l'étage inférieur C. de la même division. Entre les deux faunes, il n'y a pas une seule espèce, presque pas un seul genre commun. Cependant, si l'on jugeait la succession des formations seulement par les rapports de position locale, les quartzites près de Ginetz semblent reposer immédiatement sur les schistes fossilifères, par l'effet d'une lacune des formations inférieures. Mais sur l'autre côté du bassin on peut reconnaître une masse de Schistes siliceux et de Conglomérats, d'une énorme puissance, qui s'est interposée entre les schistes fossilifères de Skrey contemporains de ceux de Ginetz, et les quartzites des environs de Béraun, si riches en trilobites.

Malgré cette opposition complète entre les faunes des étages G. et D., nous avons crû devoir les réunir dans une même division, à cause de la prédominance des trilobites dans l'un et dans l'autre.

Essayons d'établir des rapprochemens entre cet étage D. et les terrains Siluriens des contrées éloignées.

1° — avec les terrains Siluriens des Isles Britanniques.

En terminant le paragraphe précédent, nous avons reconnu que notre étage C. correspondait aux couches des Llandeilo flags, contenant les Agnosti — à l'exclusion des des couches supérieures. Maintenant il nous semble que nous pouvons identifier avec sécurité notre étage D., à l'ensemble de toutes les autres parties du Silurien inférieur des Isles Britanniques. S'il peut exister, en effet, une circonstance dans la quelle les caractères purement géognostiques et pétrographiques de formations placées à de grandes distances puissent sembler assez évidens pour prononcer entr'elles une identité d'âge, cette circonstance nous paraît se présenter en ce moment.

En lisant la description donnée par Sir R. Murchison de la coupe naturelle des formations du Caradoc sandstone qu'offrent les bords de l'Onny, on croit reconnaître exactement plusieurs coupes du même genre qu'on trouve dans la vallée de la Béraun. C'est la succession des mêmes roches, dans les deux contrées, et nous pourrions les comparer jusques dans de minutieux détails, si les bornes de cette notice nous le permettaient. Nous nous bornerons à constater que les 5 subdivisions distinguées par Sir Roderic peuvent être classées en deux groupes d'un caractère différent, savoir; groupe supérieur: Schistes ou grès schisteux dans les quels la silice ne domine pas.

Et groupe inférieur: grès ou quartzites où la silice prédomine.

Ces deux groupes correspondent exactement: le 1er. à notre formation supérieure des schistes noirâtres avec bancs isolés de quartzite; le 2e. à notre groupe des quartzites proprement dit.

En Bohême, on est obligé de distinguer au dessous de ces grès quartzeux, deux autres groupes que nous avons désignés sous les noms de Conglomérat siliceux, et de Schiste siliceux; mais leur absence en Angleterre ne peut infirmer l'exactitude des rapports que nous venons de signaler. D'ailleurs les groupes qui manquent sur les bords de l'Onny se retrouvent ailleurs, et notammeut en France.

Ne voulant pas nous étendre inutilement ici sur cette identité des caractères géognostiques, qui considérée sur une grande échelle, ne saurait être attribuée au hazard, nous nous hâtons de faire remarquer une analogie aussi frappante dans les caractères palaeontologiques des deux contrées. Nous ne compterons pas beaucoup d'espèces communes, parmi les trilobites, car elles se bornent à *Illaenus perovalis,* mais la présence du genre *Trinucleus,* qui est spécial à cet étage en Bohême comme en Angleterre, suffit sans donte pour constater le même âge relatif des couches qui le renferment. Peut-être, en comparant de bons exemplaires de *Tr. Caractaci,* avec *Tr. ornatus* de Bohême, reconnaîtra-t-on une même espèce, mais ce tait isolé ne fera que confirmer une vérité qui nous semble suffisamment établie, par le genre lui même. En Angleterre cet étage renferme aussi les *Asaph. Tyrannus* et *As. Powisii,* dont les analogues par la taille gigantesque se trouvent dans les quartzites de Bohême: *As. ingens* et *As. nobilis.*

Nous nommerons encore ici les fossiles dont nous avons reconnu l'identité dans les **2** pays, savoir: *Bellerophon acutus. Orthis redux - (o. testudinaria?) Conularia quadrisulcata.* Ces espèces ajoutent un nouveau trait de ressemblance à la similitude établie.

Nous nous croyons donc en droit d'énoncer comme conclusion de ce qui précède, que: notre étage C correspond pour l'âge et la position dans l'échelle géologique, aux *Caradoc sandstones* et à la partie supérieure des *Llandeilo flags.*

En France, comme nous avons eu occasion de le faire remarquer ci-dessus, il n'existe aucun étage correspondant à celui de nos schistes fossilifères, C, contenant les Agnosti et Paradoxides. Mais on trouve l'étage des roches quartzeuses D, développé sur une grande échelle, en Bretagne et en Normandie. Dans l'explication de la carte géologique de France par M. M. DUFRÉNOY et ELIE de BEAUMONT, les poudingues et les grès quartzeux formant la base du terrain Silurien, sont décrits avec des termes que nous pourrions exactement appliquer aux roches inférieures de notre étage D. — Il existe aussi de tels rapprochemens entre les grès de May en Normandie, et les quartzites des environs de Béraun, qu'un fragment isolé serait difficile à distinguer. — J'ai reconnu sur un morceau de grès de May, l'orthis que je nomme O: *redux*, et la tête d'un Phacops qui me paraît identique avec le Ph. Socialis de Wesela. Malheureusement n'ayant pu me procurer jusqu'à ce jour les mémoires de M. M HÉRAULT, et DESLONCHAMPS sur ces formations, je ne saurais pousser plus loin cette comparaison. Je puis cependant ajouter que *Conularia pyramidata.* Deslonch. est identique avec une de nos espèces, pour laquelle j'ai adopté ce nom.

Ces aperçus que nous espérons un jour pouvoir développer davantage, nous permettent dès à présent de considérer notre étage D comme le contemporain du terrain Silurien inférieur du nord de la France, dans lequel l'étage aux *agnosti* paraît complètement manquer.

Les étages du terrain Silurien de Suède ayant été reconnus parallèles à ceux d'Angleterre par Sir R. MURCHISON, nous n'avons qu'à rappeler ce fait qui nous dispense de tout autre développement à ce sujet; car le principe que deux choses semblables à une troisième, sont semblables entr'elles; peut s'appliquer ici.

En terminant cet aperçu palaeontologique nous ferons remarquer que deux fossiles dominans dans les formations du Caradoc Sandstone en Angleterre et considérés comme caractéristiques: As. Buchii (Ogygia), et les Tentaculites, manquent absolument en Bohème, où nous n'avons trouvé la moindre trace ni de l'un ni de l'autre.

§. III. DIVISION SUPÉRIEURE.

La division supérieure des terrains palaeozoiques du centre de la Bohême se compose d'une masse presque continue de Calcaire, formant un bassin tout à découvert, entouré et limité dans tout son contour par les schistes noirâtres de l'étage C que nous venons d'assimiler aux *Caradoc Sandstones.*

Ce bassin situé au centre du terrain de transition, a la forme d'une ellipse alongée, dont le grand axe est dirigé du nord-est au sud-ouest, et s'étend sur une longueur d'environ 36 Kilom. — La largeur la plus grande ne dépasse pas 6 Kilom. Le sommet nord-est de cet ellipsoïde est à 2 Kilom. vers de sud de Prague; l'extrémité sud-est, au-droit de la petite ville de Zditz. Nous faisons abstraction des déchirures qui ont détaché quelques lambeaux de cette masse calcaire, tels que ceux des environs de Tmain.

Il serait difficile de se rendre raison de cette accumulation de tout le calcaire du terrain palaeozoïque, en une masse puissante, presque compacte, c. à. d. dans la quelle on aperçoit à peine les traces des roches qui dominaient auparavant d'une manière absolue, et excluaient complétement le calcaire. Il faut qu'il y ait eu en Bohême une grande continuité d'action dans les causes qui ont agi ailleurs, aux mèmes époques, avec des intermittences répétées, dont nous voyons les résultats dans les alternances fréquentes des formations schisteuses, siliceuses et calcaires. comme en France, en Angleterre et ailleurs.

En considérant la continuité apparente de ce bassin calcaire, soit dans le sens topographique, soit dans le sens vertical, on serait tenté de croire qu'on serait dispensé d'y établir des subdivisions qui compliquent l'échelle géologique. Mais les faits palaeontologiques que nous avons obvervés, et dont nous exposerons seulement les plus saillans, nous obligent à faire la distinction de trois étages calcaires.

1. ETAGE CALCAIRE INFÉRIEUR. E.

CARACTÈRES GÉOGNOSTIQUES.

Nous n'avons découvert jusqu'à ce jour aucune discordance entre les calcaires et les couches inférieures sur les quelles ils reposent. Le passage de l'étage D à l'étage E se fait d'une manière en apparence si insensible, qu'il nous serait presque impossible d'assigner une ligne de séparation. Il paraît que la source qui a fourni le calcaire ne s'est pas ouverte tout à la fois, mais qu'elle a commencé par verser des quantités fort peu sensibles de cette substance dans le bassin palaeozoïque. L'apparition du calcaire a lieu dans les schistes noirâtres, par des sphéroïdes épars, très-distans d'abord les uns des autres, et de dimensions très-variables, depuis 2 jusqu'à 40 Cent. de diamètre. A mesure qu'on s'élève dans les couches schisteuses, ces nodules augmentent en nombre sans augmenter en dimensions; ils se soudent ensuite entr'eux, forment des couches irrégulières d'abord, et qui prennent peu à peu les allures de la régularité, alternant avec les schistes noirâtres feuilletés. qu'elles finissent par exclure complètement.

La couleur des calcaires inférieurs dont nous parlons

est en général presque noire, ou d'un gris très-foncé; ils sont compactes, offrant çà et là des veines de spath calcaire blanc, et quelques géodes tapissées de cristaux de quartz hyalin. L'élément siliceux y est très-rare. La puissance de l'étage E, varie beaucoup suivant les localités, depuis 30 jusqu'à 100 mètres et au delà. Les couches régulières qui le composent, ont une épaisseur tantôt de quelques centimètres, tantôt d'un à 2 mètres.

CARACTÈRES PALAEONTOLOGIQUES.

Quelque insignifiante que soit en apparence l'introduction de nodules calcaires épars dans les schistes noirâtres, il faut cependant qu'elle soit le signe d'une révolution importante dans la nature, puisqu'elle correspond à l'apparition d'une faune toute nouvelle, qui jusqu'à ce jour, ne nous a pas fourni une seule espèce commune avec la faune de l'étage inférieur. D.

La famille des trilobites, loin de disparaître, offre une beaucoup plus grande variété d'espèces. Les genres qu'elle renferme sont différens de ceux de l'étage immédiatement inférieur D, à l'exception des *Cheirurus*, *Phacops* et *Odontopleura*. Mais on doit remarquer que les dimensions de ces crustacés sont généralement bien moindres dans les calcaires, comme si l'absence de l'élément siliceux s'opposait à leur développement. Aucune espèce dans les 3 étages qui nous restent à esquisser, ne peut être comparée pour la grandeur, aux Paradoxides, aux Asaphus et Odontopleura de l'étage inférieur très-quartzeux.

Malgré l'augmentation du nombre de ses espèces, dont la plupart étonnamment prolifiques, la famille des trilobites cesse d'être dominante dans l'étage E.

Les Céphalopodes dont l'existence est à peine indiquée dans les quartzites par quelques Orthocères, prennent subitement un développement prodigieux, à l'époque de l'apparition des calcaires. Leurs genres nommés suivant l'ordre croissant de leur richesse en espèces et en individus, sont:

Cryptoceras: genre que nous avons créé pour classer des formes auparavant inconnues et très-bisarres.

Gyroceras — Nautilus — Gomphoceras — Phragmoceras — Lituites — Cyrtoceras — Orthoceras.

Les 6 premiers de ces 8 genres n'ont en général que 2 à 4 espèces, dont les individus sont fort rares; mais les Cyrtoceras nous ont présenté environ 50 formes diverses, et les orthoceras près de 70.

Nous entendons ici par formes diverses celles qui se distinguent par des caractères constans, et qu'on reconnait ordinairement pour espèces. Lorsque nous ne sommes pas parvenus à obtenir le têt des orthocères, nous ne classons comme espèces que celles dont la conformation générale offre un type tranché.

Au milieu de cette richesse si variée de Céphalopodes, on ne trouve pas cependant beaucoup d'espèces qu'on puisse nommer identiques avec celles des autres pays. La difficulté de se procurer d'Angleterre des exemplaires bien caractérisés, fait que nous indiquons avec quelque doute plusieurs des formes suivantes, qui nous paraissent communes aux îles britanniques et à la Bohème, si l'on en juge d'après les planches du Silur. system.

Orthoceras Ibex. upper et Lower Ludlow rocks.

    —   distans?
    —   dimidiatum?
    —   Ludense?
    —   annulatum m. c.
Gomphoceras pyriforme
Phragmoceras ventricosum   } Lower Ludlow rocks.
(Phragm.)-Cyrtoceras arcuatum
    —   —   compressum

Orthoceras nummularius. Wenlock shale.

On voit que ces espèces appartiennent à des étages divers et distincts du Silurien supérieur Anglais, tandisqu'elles se trouvent toutes réunies dans l'étage inférieur du calcaire de Bohême, dans lequel il serait difficile de faire des coupures, car la distribution des Céphalopodes y varie beaucoup moins suivant le sens vertical, que par suite de la distribution locale.

Les orthocères offrent une si grande quantité d'espèces et un nombre quelquefois si prodigieux d'individus que les couches calcaires sont remplies de leurs fragmens plus ou moins distincts. C'était évidement le genre dominant de cette époque, et nous appliquerions à notre étage E la dénomination de calcaire à orthocères, dejà adoptée en divers pays, si nous ne craignions de préjuger ainsi une question d'identité qui peut être débattue sous divers rapports.

Les Phragmocères ont été considérés par Sir R. Murchison comme très-caractéristiques des Lower Ludlow rocks, tandisqu'en Bohême ils appartiement à l'étage le plus bas, et à des couches de la base des calcaires.

La famille des Brachiopodes était fort peu développée dans l'étage E, en comparaison de la richesse, qu'elle offrira dans l'étage supérieur. Nous nommerons comme communes à l'Angletterre et à la Bohême les espèces suivantes.

Terebratula prisca.   Upper Ludlow rocks.

—   imbricata

Leptaena - Euglypha   } Lower Ludlow rocks.

—   depressa

Ter. (atrypa) compressa } Wenlock shale.

orthis canalis

Nous devons ajouter une térébratule fort voisine de T. *navicula*. Murch. et que nous nommons *altidorsata*; elle appartient à une couche très-basse de notre étage E.

A l'exception de T. *prisca* qui traverse deux de nos étages, tous les autres brachiopodes ci-dessus appartiennent exclusivement à notre calcaire inférieur, tandisqu'ils sont distribués en Angleterre dans des formations situées à diverses hauteurs.

Nous passerons sous silence les nombreux fossiles de l'ordre des Dimyaires que nous a fournis l'étage calcaire E, parceque nous trouvons peu de bivalves pour les comparer en Angletterre. Nous nous bornerons à citer un genre considéré par Sir R. Murchison comme très-caractéristique des roches inférieures de Ludlow: les Cardioles.

Ce genre nous présente 5 à **6** espèces parmi lesquelles nous citons *C. interrupta* et *C. fibrosa*. qui caractérisent le Ludlow inférieur. Ce genre ne franchit par les limites de notre étage inférieur calcaire.

Il ne sera pas hors de propos de faire observer en passant, qu'un assez grand nombre de nos bivalves du genre Cardium & paraissent se rapprocher de celles que le Cte Münster a décrites comme appartenant au calcaire d'Elbersreuth.

La famille des Zoophytes nous a donné moins d'espèces qu'en Angleterre **44**? au lieu de **65** — mais nous reconnaissons les mêmes Favosites, Cyathophyllum, Catenipora escharoides etc. Nous ne nous arrêtons pas à cette coïncidence trop peu significative. La presque totalité de nos polypiers est située vers le milieu de l'étage E.

Le Graptolites Ludensis, Gr. Convolutus, et quelques autres espèces se trouvent principalement dans les Sphéroïdes calcaires dont nous avons indiqué la place. En Angleterre ils caractérisent le Ludlow inférieur.

En résumant les analogies que nous venons de passer briévement en revue, nous trouvons que parmi les fossiles anglais qu'on reconnait dans notre étage **E**, si on fait entrer en ligne de compte les polypiers, la majeure partie appartient à formation de Wenlock, et la moindre au Ludlow inférieur. — Ces rapports seraient inverses si on faisait abstraction des polypiers.

On pourrait donc considérer notre étage E comme représentant une époque qui correspondrait dans sa durée à celle des divers étages anglais depuis Wenlock shale jusqu'à la base du Calcaire d'Aymestry, si les especes communes entre ces formations étaient des espèces très-caractéristiques. Mais elles ne sont pas telles, et avant de prononcer une opinion bien arrétée, il faudrait pouvoir apprécier d'une manière positive, à quel dégré ces diverses espèces sont *déterminantes* pour la formation où elles se trouvent. A ces inductions tirées de la comparaison des mollusques, nous ajouterons quelques nouvelles indications que nous fournit la famille des trilobites.

Voici le tableau des espèces des notre étage E.

GENRE PHACOPS. EMMR.

1. *Phacops foecundus.* BARR.

11 anneaux au thorax.

Par son *habitus* on le confondrait à la première vue avec *Phac. macrophtalmus* de l'Eifel; mais il se distingue par 3 différences notables.

1° – 2 sillons latéraux à l'arrière de la tête, et à la suite du sillon antérieur, un petit bourrelet oblique rejoignant le sillon dorsal.

2. Les plèvres ont les bords très-relevés, formant entr'eux un sillon large, profond, et arrondi au fond; tandisque dans *Ph. macrophtalmus* les plèvres ont un côte saillante, arrondie, et point de sillon creux.

3. Les côtes du pygidium de *Ph. foecundus* sont larges, sillonnées dans leur longueur. — Celles de *Ph. macropht.* sont minces, terminées en dessus par une seule arête. Nous négligerons d'autres différences moins saillantes.

Long. 6 centim.   Loc. environs de Beraun.

2. *Phac. bulliceps.* BARR.

Espèce très-petite dont nous ne possédons que la tête. Elle est remarquable par la forme arrondie de la glabelle, portant à l'arrière deux protubérances rondes, entre les quelles une sorte de pédicule s'étend vers l'anneau occipital. Yeux gros, à facettes, placés à l'arrière et près de la glabelle. L'anneau occipital est séparé par un sillon profond du pédicule sortant de la nuque.

Long. 4. m. m.   Loc. environs de Béraun.

3. *Phac. trapeziceps.* BARR.

D'après des têtes isolées. Corps inconnu. Tête un peu parabolique; glabelle étroite à la nuque, s'élargissant jusqu'au front. — Un anneau entre la nuque et l'anneau occipital. 2 points saillans derrière les yeux. Le front a un bord mince tranchant; un peu concave en dessous. Yeux très-gros, à facettes.

Long. 6. m. m.   Loc. près Béraun.

4 *Phac. Glockeri.* Barr.

Tête transverse, arrondie en avant, rectiligne en arrière; largeur égale à 3 fois la longueur.

Glabelle divisée en 3 lobes par deux sillons transversaux. — Le lobe antérieur occupe les $^2/_3$ de la glabelle, et forme un trapèze dont le plus grand côté est au front. Les 2 lobes postérieurs minces et peu prononcés.

Yeux gros à facettes, séparés de la glabelle par un large sillon dorsal.

Angles des joues arrondis.

11 anneaux au thorax. Plèvres courbées à partir du milieu; sillon oblique, large.

Pygid. semi-circulaire. 8 anneaux à l'axe, qui est mince, et déprimé — 6 côtes latérales portant sur leur sommet deux minces filets saillans, atteignant la moitié de leur longueur, et enfermant un léger sillon. — Un rebord incliné autour du pygidium.

Long. 4. cent.   Loc. près Béraun.

5. *Trilobites intercostatus.* Barr.

D'après un pygidium sub-triangulaire équilatéral. 25 anneaux à l'axe qui est fort mince, portant quelques tubercules irrégulièrement espacés sur sa longueur. — Sillons dorsaux très-prononcés.

17 côtes latérales atteignant le bord, séparées par des sillons creux de largeur égale. Les 9 premiers sillons portent au fond un filet mince en relief. De là le nom choisi pour l'espèce, dont nous ne connaissons que ce fragment très caractéristique.

6. *Trilob. heteroclytus.* Barr.

D'après un pygidium parabolique alongé, fortement bombé en travers, entouré d'un bord large et plat.

L'axe ne montre à l'avant qu'un anneau distinct, puis se prolonge en conservant son relief jusqu'aux trois cinquièmes de la longueur; sillons dorsaux prononcés; les flancs abruptes jusqu'au bord plat. Une seule côte bifurquée atteignant le bord : paraissant appliquée et en relief sur le côté.

Têt granulé irrégulièrement sur toute la surface.
Long. 15. m. m.   Près Béraun.

GENRE ARETHUSA. BARR.

Tête semi-circulaire au contour, rectiligne en arrière, entourée d'un rebord mince, relevé; bombée comme un quart de sphère un peu aplati, finement granulée sur sa surface. Les sillons dorsaux prononcés s'arrêtent au milieu de la longueur de la tête, et se rejoignent par un sillon transversal. Dans l'espace carré qui en résulte, gît la glabelle, convexe, basse, arrondie en avant, flanquée de deux points saillans en arrière.

Yeux saillans, un peu éloignés du sillon dorsal, vis à vis le milieu de la glabelle.

Sutures faciales parallèles depuis le front jusqu'aux yeux qu'elles contournent, puis rejoignent obliquement le bord postérieur vers le milieu.

Joues bombées, prolongées en pointe qui atteignent le quart du corps.

20 anneaux au thorax; axe large comme la moitié d'un côté; — Plèvres horizontales jusqu'au delà de leur moitié, puis coudées et arrondies au bout. Sillon droit, profond, concave, dans toute leur longueur.

Pygidium en segment de cercle — 2 anneaux visibles à l'axe qui atteint presque le bord. — 2 côtes indistinctes.

7. *Arethusa Koninckii*. BARR.

Espèce unique.
Long. 2. cent.   Loc. prés Béraun.

GENRE SPAEREXOCHUS. BEYR.

8. *Spaerexochus mirus*. BEYR.

Tête déjà décrite par Beyrich ainsi que le pygidium.

Corps imparfaitement connu; on compte 10 anneaux au thorax sur l'exemplaire incomplet que nous possédons et qui est roulé en sphéroïde.
Long. dével. 7. à 8. cent.   Loc. près Béraun etc.

GENRE {ASAPHUS. BRONGN.
       {NILEUS. DALM.

9. *Asaphus (nileus) Bouchardi.* BARR.

Tête semi-circulaire, glabelle aplatie, portant à partir du
milieu vers l'arrière deux fortes protubérances bases des
yeux. Les sutures faciales parallèles aux deux extrémités de la glabelle, forment un $^1/_2$ cercle convexe en dehors, au contour des saillies palpébrales.

8 anneaux au thorax, très courts. — L'axe occupe
les 4 sixièmes de la largeur du corps, les sillons dorsaux peu sensibles. Les plèvres paraissent légèrement
inclinées vers l'avant. Pygidium aussi long que le thorax,
arrondi, et formant plus d'un $^1/_2$ cercle. — Aucune
trace de l'axe. Surface régulièrement bombée, jusqu'au
bord qui est légèrement aplati. La ligne d'articulation
avec le thorax convexe en avant, offrant au milieu une
saillie, qui correspond à l'axe.

Le têt présente à la fois des stries irrégulières comme
celles qui signalent plusieurs espèces: *illaenus crassicauda. Bronteus Brongnarti* etc. et des points creux,
serrés, visibles à la loupe, et retracés sur l'empreinte
de la surface intérieure.

Long. d'un exemplaire de moyenne taille 6. cent.

GENRE CHEIRURUS. BEYR.

10. *Cheirurus insignis.* BEYR.

M. Beyrich a créé et parfaitement défini le genre *Cheirurus*, dont il a aussi décrit plusieurs espèces. — Nous
ne pouvons mieux faire que de renvoyer le lecteur à
sa notice *(über einige böhmische Trilobiten. 1845)* où
se trouve une excellente description de *Cheir. insignis.*
Sans répéter ici les traits communs, nous nous bornerons à fairs ressortir les différences qui caractérisent les
espèces suivantes.

11. *Cheirurus Beyrichii.* BARR.

Glabelle arrondie au front, lobée par 3 sillons inclinés
en arrière d'environ 60° avec l'axe, les 2 premiers laissant une très-petite distance entre leurs extrémités in-
térieures, le 3e rejoignant le sillon opposé au milieu de
la glabelle.

sillonnées dans leur longueur, et s'effaçant avant le bord.

Têt finement granulé.

Loc. près Béraun. &.

15. *Calym? Beaumonti.* BARR.

Tête semi-circulaire, sans rebord visible. Glabelle, alongée, un peu évasée à l'avant, très-incomplètement lobée par quatre entailles latérales, non compris le sillon occipital. Lobe antérieur arrondi, le front prolongé en sailie courbée vers le bas. — Sillons dorsaux très-marqués. Yeux au droit du 3e lobe à partir du front, très-près du bord latéral des joues qui sont très-bombées.

La joue mobile très-petite, la suture faciale paraît rejoidre le bord extérieur en avant de l'angle postérieur des joues.

Toute la tête est couverte de tubercules assez gros, inégaux, dont les intervalles varient suivant les individus. A partir de l'anneau occipital, le têt du corps est presque lisse, offrant ça et là quelques petits points saillans, subréguliers. Corps imparfaitement connu.

Pygidium sub triangulaire, équilatéral. L'axe a 13 anneaux et un appendice. — 10 côtes non sillonnées, séparées par des sillons creux de moindre largeur, prolongées jusqu'au bord. Quatre à cinq points très-petits, saillans sur chaque côte. — Un point un peu plus fort sur le milieu de chaque anneau, qui est déprimé au sommet; un point à chaque bord de la dépression.

Long. 6. m. m.

Ce n'est qu'avec doute que nous réunissons ce trilobite au genre Calymène.

Un Pygidium très-analogue a été décrit par Portlok sous le nom *d'Amphion multisegmentatus.*

GENRE STAUROCEPHALUS. BARR.

Nous ne connaissons que la tête de ce trilobite, que M. Beyrich avait rapportée à son *Trochurus speciosus.*

La tête dans son ensemble présente 3 saillies notables disposées en croix.

La glabelle est partagée en deux lobes distincts: le lobe antérieur presque hémisphérique, très-saillant. — Le lobe postérieur plus bas, en dos d'âne, étroit, semblable à un pédicule, entre les 2 joues. — Celles-ci bombées, portant un oeil vers leur bord extérieur vis à vis le milieu du lobe alongé de la glabelle.

La suture faciale paraît ne détacher qu'une joue mobile très-petite, triangulaire.

La surface de la tête est couverte de petits tubercules, inégaux et serrés.

16. *Staurocephalus Murchisoni.* Barr.

Espèce unique.

Long. de la tête 2. cent. Loc. St. Iwan.

Portlock à décrit une espèce analogue sous le nom de *Ceraurus globiceps*, mais le genre *Ceraurus* de Green paraissant être identique avec *Odontopleura* Emmr. nous avons dû adopter un autre nom.

GENRE {LICHAS. DALMAN.
{METOPIAS. EICHWALD.

17. *Lichas Scabra.* Beyr.

Le pygidium de cette espèce a été décrit en détail par M. Beyrich dans la brochure déjà citée, mais alors il ne connaissait pas la tête de ce trilobite.

Tête composée d'un grand nombre de protubérances; dont un dessin seul peut faire concevoir la disposition. Glabelle peu saillante au dessus des protubérances latérales, étroite à l'arrière, 3 fois plus large au front, terminée par nn rebord mince. Elle est limitée vers le corps par un sillon occipital peu profond, couvert des mêmes tubercules que le reste de la tête.

Le caractère le plus reconnaissable consiste dans les tubercules qui couvrent toute la surface de la tête; ils sont arrondis, de grosseur diverse, et se touchent presque par leur base. Tous ont la forme d'une hémisphère.

Le corps nous est inconnu.

Le pygidium est triangulaire; l'axe a 2 anneaux et un long prolongement entre les plèvres, jusqu'au bord. — 3 plèvres fendues dans leur longueur par un sillon, terminées en pointe; les deux dernières laissant un espace triangulaire ou angle rentrant, entre leurs extrémites. Toute la surface couverte des mêmes tubercules que la tête.

Long. 2. cent.   Loc. St. Iwan.

18. *Lichas propinqua*. BARR.

Tête très bombée, la hauteur plus grande que la ¹/₂ largeur. — Glabelle beaucoup plus saillante au dessus des protubérances latérales, que dans *L. scabra*, augmentant peu de largeur vers le front. — Sillon occipital très-prononcé, large, lisse, tandisque tout le reste de la tête est couvert de tubercules inégaux, séparés par des espaces égaux à leur diamètre. La forme de ces tubercules est conique, ils sont terminés par un point à leur sommet.

Le corps nous est inconnu.

Pygidium semblable pour la forme à celui de l'espèce précédente, se reconnaît par les tubercules coniques, espacés, qui caractérisent la tête.

Long. 2. cent.   Loc. St. Iwan.

19. *Lichas Palmata*. BARR.

Le pygidium de cette espèce à été décrit par Beyrich sous lenom de *trochurus speciosus*.

Tête sub-triangulaire, fortement bombée, glabelle très-saillante, entre deux sillons dorsaux parallèles. Les protubérances latérales antérieures presque effacées, tandisqu'elles sont prononcées dans les deux espèces précédentes.

Sillon occipital peu prononcé, orné de quelques tubercules. — De chaque côté une protubérance transverse, saillante, sous la quelle une autre plus petite.

Toute la tête couverte de tubercules inégaux, peu espacés, de forme conique, dont le sommet aigu se conserve peu.

11 anneaux au thorax. L'axe moins large que les côtés. — Plèvres un peu bombées, sillonnées dans leur longueur, terminées en pointe. Sur chaque bande que sépare le sillon, une rangée de tubercules. — La bande postérieure plus élevée et plus large.

Pygidium ¹/₂ circulaire. 2 anneaux à l'axe et un prolongement saillant qui s'abaisse vers le milieu de la longueur. Il atteint le bord sous forme d'arête saillante qui se bifurque à l'extérieur.

2 plèvres, dont la bande antérieure est plate, la bande postérieure forme une arête en relief qui se prolonge en pointe au delà du bord.

Les 3es. plèvres de chaque côté se trouvent réunies par l'arête médiane qui se bifurque au dehors.

Cette disposition correspond parfaitement à celle des plèvres des lichas, ainsi le *trochurus speciosus* BEYR. rentre dans ce genre. Loc. St. Jwan.

20. *Lichas? simplex.* BARR.

D'après une tête que nous possédons, et qui se distingue par une forme plus simple que les précédentes espèces.

Au milieu s'élève un fort globule presque hémisphérique, sans division vers le front, mais montrant à l'arrière les sillons dorsaux qui séparent la glabelle des protubérances latérales.

Au front un bord mince, étroit, qui s'élargit sur les côtés.

Les yeux éloignés du globule central, placés sur une sorte de pédicule qui se détache à angle droit de l'axe, à l'arrière de la glabelle.

Long. 5 m. m. Loc. près Béraun.

GENRE HARPES. GOLDF.

21. *Harpes tenuipunctatus.* BARR.

Tête semblable pour la forme générale à celle de *Harpes macrocephalus.* GOLDF. dont elle se distingue par les yeux et par une ponctuation différente, très-fine, du bord.

La face extérieure de l'oeil porte 3 petits points lisses, saillans, celui du milieu rond; les 2 latéraux ovoïdes, se fondant par leur extrémité avec le tubercule ellipsoïdal qui leur sert de base.

La glabelle dans cette espèce est toujours basse et mince, si on la compare à celle du Harpes de notre calcaire moyen.

Corps imparfaitement connu, les fragmens que nous possédons ne permettent de compter que 20 anneaux, le reste manque.

L'axe occupe un peu plus de la $\frac{1}{2}$ largeur d'un côté. Plèvres planes, coudées seulement au bord latéral, où elles se terminent en pointe émoussée, dirigée en arrière. Un sillon faiblement indiqué sur la partie plane de la plèvre, forme un pli marqué à partir du coude extérieur juspu'au bout.

GENRE ODONTOPLEURA. EMMR.

Ceraurus. GREEN.

22. *Odontopleura Prevosti.* BARR.

La tête de la plupart des *Odontopleura* que nous trouvons en Bohême a la plus grande analogie avec celle d'*odont. ovata* et *od. elliptica* décrites par EMMRICH et BURMEISTER. — Ainsi nous ne signalerons que les différences notables.

La tête d'*od. Prevosti* est entourée d'épines courtes et serrées, 3 par millim. de longueur. Le bourrelet d'où partent ces épines est peu saillant et couvert d'une granulation fine, inégale, comme tout le reste de la tête.

9 articles très-distincts au thorax. Axe un peu moins large que le côté. Plèvres non coudées suivant leur longueur, ornées d'un bourrelet saillant, qui en occupe le milieu, laissant en avant et en arrière une bande étroite; il est orné au dos de 6 à 7 points inégaux. La bande antérieure se termine par une épine courte, le bourrelet par une épine longue.

Pygidium en segment de cercle, terminé en avant par une ligne droite. 2 anneaux à l'axe; du 1er. part une côte coudée qui atteint le bord. Les épines du demi contour se succèdent à partir du thorax dans l'ordre suivant: 4 courtes, 1 longue, correspondant à la côte, 2 courtes, 1 vide vis-à-vis l'axe.

Long. 32 m. m.   Loc. près Béraun.

23. *Od. Dufrenoyi.* BARR.

Le contour des joues orné d'épines 3 à 4 fois plus longues que dans *O. Prevosti;* il s'en trouve environ 2 par m. m. de longueur. Le bourrelet qui porte ces épines est saillant, il est orné de tubercules sub-régulièrement

espacés, laissant entr'eux moyennement 2 pointes. De
semblables tubercules sur la surface de la tête.

9 anneaux distincts au corps.

Axe plus large que les côtés.

Plèvres analogues pour leur forme à celles d'*O. Pre-vosti*, mais le bourrelet médian ne porte qu'un seul
tubercule au milieu de sa longueur. Le bord antérieur
porte une épine courte, le bourrelet un épine longue.

Pygidium en segment de cercle. 2 anneaux à l'axe.
Du 1er. se détache un côte coudée, qui atteint le bord.
Ordre des épines à partir du thorax: 3 courtes, 1 longue au droit de la côte, 2 courtes; vide vis à-vis de
l'axe.

Long. 32 m. m.   Loc. St. Iwan.

24. *Od. mira*. BARR.

Le contour des joues ne nous est pas assez connu pour
que nous puissions le décrire. La glabelle porte deux
épines, partant d'un prolongement situé à la nuque, et
dirigées en arrière.

9 Anneaux au thorax.

Axe moins large que le côté. Plèvres analogues pour
la forme générale, et les épines, à celles de l'espèce
précédente, mais le bourrelet médian est plus plat,
moins saillant; il porte un tubercule vers son extrémité;
la bande antérieure est ornée de beaucoup de petits tubercules sub-régulièrement disposés dans la longueur.

Pygidium en segment de cercle; 2 anneaux a l'axe;
du 1r. part une côte non coudée qui atteint le bord.
Disposition des épines à partir du thorax: une courte,
une longue au droit de la côte, 7 courtes dont la
dernière correspond au milieu de l'axe.

Long. 30 m. m.   Loc. St. Iwan.

25. *Od. Verneuilli*. BARR.

Nous ne connaissons que la tête et un pygidium que
nous supposons appartenir au même trilobite.

La tête est bombée, plus large que longue. Glabelle
ellipsoïdale, terminée en arrière par un appendice de
même largeur, portant 2 fortes épines dirigées en arrière.
Tout le contour bordé d'un bourrelet mince. Les joues
larges, forment de chaque côté une surface pendante,
arrondie, retrécie en arrière. Le bourelet qui les en-

toure est garni d'épines saillantes, mais courtes. La suture faciale indiquée par un ligne en relief, contourne en avant la glabelle, passe en dehors des tubercules latéraux, et se dirige vers l'arrière, où elle rencontre le bord des joues. Au point de rencontre est un nodule qui se prolonge en arrière par une longue épine.

L'oeil situé à peu-près vers le milieu de la suture faciale, est formé par un tubercule conique, saillant de plus de 2 m. m. couvert de verrues fines.

Toute la surface de la tête offre de semblables verrues très petites, qui par la chûte de l'épiderme donnent lieu à une cavité ronde. Des tubercules beaucoup plus gros sont disséminés ça et là.

Le corps inconnu.

Le pygidium que nous associons à la tête décrite est très-court, en forme de segment circulaire, terminé en avant par une ligne droite. Un seul anneau à l'axe qui au delà se termine brusquement. De cet anneau part de chaque côté une petite élévation à peine sensible. La disposition des épines à partir du thorax est: 1 courte, 1 longue correspondant à l'élevation indiquée, 2 courtes dont la dernière vis-à-vis l'axe. Les épines sont larges au départ du contour, qui est comme découpé par des $^1/_2$ cercles.　　　　Loc. près Béraun.

26. *Od. Leonhardi.* BARR.

Tête en segment de cercle, la longueur égale à la demilargeur. Une cavité particulière à cette espèce est formée par le bord relevé du front, et le bourrelet saillant suivant lequel se dirige la suture faciale. Joues larges, prolongées en pointe qui atteint le 4ᵉ. anneau. Bord des Joues dentelé par de petites pointes; sur le bord du front une série de petits tubercules espacés, comme ceux qui couvrent la surface de toute la tête.

9 anneaux au thorax. L'axe moins large que les côtés. — Plèvres horizontales, ornées d'un bourrelet trèssaillant, un peu courbe, qui en occupe le milieu dans toute la longueur, ne laissant que des bandes étroites des deux côtés. Le bourrelet seul se termine par une longue pointe, presque parallèle au corps. 2 tubercules saillans sur chaque bourrelet, l'un vers le milieu, l'autre au bout.

Pygidium en segment de cercle. Un seul anneau

à l'axe, avec un appendice. Une côte coudée part de cet anneau et atteint le bord. La disposition des pointes, à partir du thorax, est pour la moitié du pygidium: 1 courte, 1 longue correspondant à la côte, 1 courte, 1 longue, et enfin 1 courte vis-à-vis le milieu de l'axe.

Loc. près Béraun.

27. *Odont. minuta.* Barr.

Nous ne connaissons que la tête de ce petit trilobite; elle est caractérisée par la disposition des protubérances latérales à la glabelle; celle qui est à l'arrière domine par son volume, c'est qui est l'opposé des rapports existans dans l'espèce précédente, avec laquelle on pourrait la confondre à cause des tubercules qui couvrent toute la surface. L'anneau occipital est très-prononcé et forme une protubérance aussi couverte de tubercules, mais le sillon occipital est lisse.

28. *Odontopleura tricornis.* Barr.

Une tête unique que nous possédons, montre deux caractères particuliers. La glabelle est très-large, et les protubérances latérales sont réduites à un état rudimentaire. Derrière la glabelle un fort prolongement arrondi, terminé en arrière par trois pointes dirigées vers le thorax. Ces deux différences empêchent de pouvoir réunir cette tête à aucune des espèces précédentes. Surface couverte de tubercules épars. Loc. près Béraun.

GENRE CYPHASPIS. BURM.

29. *Cyphapsis Burmeisteri.* Barr.

Tête semi-circulaire. Glabelle ellipsoïdale, saillante, portant à l'arrière deux petits lobes arrondis, placés dans le sillon dorsal. La joue forme presque un demi-cône, un peu moins élevé que la glabelle. Au sommet de ce cône est un globule arrondi formant l'oeil.

Le contour de la tête est entouré d'un rebord épaissi qui se termine par une pointe atteignant le 4e. anneau du corps.

La glabelle couverte de petites verrues arrondies plus serrées que sur le reste de la tête.

12 anneaux au thorax. Axe un peu moins large que le côté. Plèvres coudées à partir du milieu, sillonnées dans leur longueur, et arrondies à leur extrémité; surface lisse.

Pygidium en segment de cercle; 4 anneaux à l'axe, 3 côtes visibles, sillonnées, se terminant à un rebord étroit. Surface du têt finement ponctuée en relief.

Long. 20 m. m.   Loc. près Béraun.

30. *Cyph. — depressa.* BARR.

Glabelle peu saillante, atteignant un bourrelet épais, tandisque dans l'espèce précédente il reste un espace notable entre le front de la glabelle et le bord.

Tête couverte de tubercules plus petits et plus serrés que dans *C. Burmeisteri.*

corps inconnu.   Loc. près Béraun.

GENRE BRONTEUS. GOLDF.

31. *Bronteus Partschii.* BARR.

Tête semi-circulaire. Glabelle étroite à la base, s'évasant jusqu'au front, et offrant une surface unie, dans laquelle on ne distingue presque aucune lobation, mais quelques légères impressions. Lobe palpébral demi-circulaire arrondi.

10 anneaux au corps. Axe moitié moins large que les côtés. Plèvres plates, un peu coudées vers l'extrémité, terminées en pointe.

Pygidium sub-triangulaire, — 15 côtes, la côte médiane beaucoup plus large que les autres, non bifurquée au bout.

Toute la surface du corps couverte de stries en relief, plus prononcées sur les bords.

Long. 16 m. m.   Loc. près Béraun.

32. *Bronteus Haidingeri.* BARR.

La glabelle de forme évasée comme la précédente se distingue par 3 profondes fossettes qui correspondent aux trois sillons latéraux qu'on observe en d'autres genres. Entre les fossettes médianes s'élève un point saillant; une pointe plus saillante sur l'anneau occipital.

Le lobe palpébral se prolonge en deux pointes, dont la postérieure est la plus saillante.

10 ? anneaux au thorax ; nous n'en comptons que 9 par suite d'un glissement sans doute. Axe moins large que les côtés.

pygidium arrondi ; la surface offre comme deux étages distincts — le centre jusques vers le milieu est horizontal ; la seconde moitié s'abaisse par un plan incliné et s'aplatit vers le bord. 15 côtes ; celle du milieu bifurquée seulement vers le bout. Les côtes sont saillantes, séparées par des sillons bien tranchés, aussi larges qu'elles vers le bord qu'ils atteignent.

La surface du têt est striée principalement sur la tête, mais sur le corps et sur le pygidium on remarque davantage une granulation inégale, serrée.

Long. moyenne == 4 centmi.

Loc. près Béraun.

33. *Bronteus ambiguus.* BARR.

L'exemplaire unique en notre possession offre une glabelle fortement étranglée jusque vers le milieu, puis elle s'élargit subitement vers le front où elle devient deux fois plus large.

De chaque côté de la glabelle une forte protubérance ovoïde, alongée, parallèle à l'axe. Oeil ?

Toute la tête est fortement bombée dans le sens de la longueur == 10 m. m.

Le reste du corps inconnu. Loc. près Béraun.

GENRE PHAETON. BARR.

Forme générale ovoïde. Contour extérieur de la tête parabolique, contour intérieur arqué. L'ensemble de la surface bombé au milieu, et s'abaissant régulièrement en avant et vers les côtés. Tout autour un rebord plat, prolongé en pointe vers l'arrière.

Glabelle petite, peu saillante, alongée et arrondie en avant ; sillons dorsaux prononcés. De chaque côté de la base un sillon creux, oblique, déterminant un lobe alongé en avant. 2 autres sillons transversaux à peine indiqués.

Joues larges, s'abaisant régulièrement, prolongées en pointe qui atteint la moitié du thorax.

Yeux saillans au bord immédiat du sillon dorsal, au droit du lobe de la glabelle. Facettes très-nombreuses et microscopiques.

Les sutures faciales partent du contour antérieur qu'elles divisent à peu près en 3 parties égales, contournent l'oeil et se dirigent vers l'angle postérieur des joues, sans l'atteindre complètement, divisant très obli-quement dans sa longueur le bord postérieur de la tête.

10 anneaux au thorax. Axe bombé, moitié moins large que le côté. Plèvres légèrement bombées dans leur longueur, creusées par un très-large sillon, peu profond, qui atteint le bout terminé en longue pointe oblique au corps.

Pygidium semi-circulaire; de 5 à 9 art. visibles à l'axe. 3 à 5 côtes distinctes, sillonnées jusqu'au bout et terminées par des pointes un peu larges à leur base, dirigées en arrière.

Ce trilobite ce trouve étendu, et aussi roulé en sphé-roïde aplati.

34. *Phaeton Archiaci.* BARR.

Est l'espèce qui nous a servi à décrire le genre; la seule dont tout le corps soit connu. La surface est couverte d'une granulation serrée, microscopique. Le pygidium a 9 artic. visibles à l'axe, 5 côtes latérales, et et 7 pointes de chaque côté.

Long. 25 m. m.   Loc. près Béraun.

35. *Ph. membranoceus.* BARR.

D'après un pygidium offrant 7 anneaux à l'axe, et 3 côtes sillonées. 4 pointes de chaque côté. Le pygidium se distingue par la largeur beaucoup plus grande de ses côtes et de leurs pointes triangulaires

Le reste du corps inconnu.   Loc. près Béraun.

36. *Ph. striatus.* BARR.

Pygidium seul connu. 2 anneaux distincts à l'axe, 4 côtes aussi distinctes, fendues par un sillon jusqu'au bout. 5 pointes de chaque côté.

Toute la surface ornée de stries sub-régulières, très-fines, saillantes.

Ces stries et les pointes beaucoup moins larges, le distinguent de l'espèce précédente.

GENRE { PROETUS. STEIN.
{ AEONIA. BURM.

37. *Proetus Ryckholtii.* BARR.

forme générale alongée. Tête demi-circulaire, très-fortement bombée. Glabelle conoïde atteignant le sillon qui limite le bourrelet du contour.

Yeux au bord du sillon dorsal, très-gros, à facettes microscopiques, élevés au niveau de la glabelle. Joues très-abruptes vers le bord, et terminées en arrière par une pointe.

10 anneaux au thorax; l'axe bombé, aussi large que les côtés. Plèvres coudées à partir du milieu, marquées par un sillon qui s'arrête un peu au-dessous du coude. La bande antérieure forme un triangle dont la pointe s'appuie sur la plèvre qui précède.

Pygidium en demi-cercle, 5 anneaux distincts à l'axe. 3 côtes distinctes, sillonnées dans leur longueur, se terminant à un rebord aplati.

La surface du têt paraît lisse sur tout le corps.

Long. 18 m. m.   Loc. près Béraun.

38. *Proetus intermedius.* BARR.

Forme générale ovale large. Tête semi-circulaire. Glabelle saillante, arrondie en avant, atteignant presque le bourrelet du front. Yeux petits, alongés, moins élevés que la glabelle. Joues abruptes vers le bord, prolongé en pointe vers l'arrière.

10 anneaux au thorax. Près de la tête, l'axe est plus large que le côté, il s'amincit vers l'arrière. Plèvres coudées à partir du milieu; sillonnées jusqu'au delà du coude; la bande antérieure triangulaire.

Pygidium arrondi — 3 anneaux à l'axe. Surface de la tête granulée très-régulièrement par des points fins et serrés — trois stries saillantes longent le bord du bourrelet qui entoure la tête.

Le reste du corps offre une sculpture granulée finement; les grains tendant à former des stries.

Long. 20. m. m.   Loc. près Béraun.

39. *Pr. — decorus. —* Barr.

Nons ne possédons que le pygidium de cette espèce, très caractérisé par la sculpture dont il est orné. Ce sont des stries fines qui paraissent tracées par deux, une plus forte que l'autre.

La forme générale en demi cercle, arrondi aux deux extrémités du diamètre. Axe conique, ayant 7 anneaux distincts, 5 côtes plates, larges, marquées par une ligne distincte à l'arrière, mais se fondant vers le bord antérieur; sans sillon, et atteignant le bord.

Long. 8. m. m.   Loc. St Iwan etc. etc.

40. *Pr. — Venustus. —* Barr.

Ce trilobite a beaucoup d'analogie par sa forme générale, avec *Pr. Ryckholtii.* — Il s'en distinge cependant: 1. par sa glabelle arrondie au front, 2. par la forme des plèvres qui sont plus également partagées par le sillon longitudinal. La bande antérieure ne forme qu'un angle très-insensible qui ne remonte pas sur la plèvre précédente, mais au contraire reste cachée sous celle-ci. 3. toute la surface est couverte de stries microscopiques, sub-régulières.

10 anneaux an thorax, 4 au pygidium.

Long. 11. m. m.   Loc. près Béraun.

Si l'on compare la liste des trilobites de l'étage calcaire, E, avec les listes des trilobites appartenant aux étages inférieurs, on reconnait qu'il n'y a entre elles aucune espèce commune. Ce fait remarquable confirme parfaitement l'assertion énoncée par Sir R. Murchison (Sil. syst. p. 649): qu'il n'y a aucun exemple connu d'un trilobite qui se trouve à la fois dans les divisions, supérieure et inférieure du Système Silurien.

Sous ce rapport les deux divisions du système sont aussi tranchées en Bohème que dans les îles Britanniques.

Si nous passons à une comparaison plus spéciale des espèces, des deux contrées, nous devons reconnaitre qu'il n'existe aucune forme identique qui, à notre connaissance, soit commune aux étages anglais et à celui qui nous occupe

Cependant nous avons à indiquer des analogies qui nous semblent assez fortes pour résoudre la question qui nous intéresse.

Parmi les genres indiqués par Sir R. Murchison comme caractéristiques du Wenlock, se trouvent les *Paradoxides bi-mucronatus* et 4 *mucronatus,* aujourd'hui reconnus comme appartenant: le 1er. au genre *Cheirurus* Beyr. et le 2e. au genre *Odontopleura* Emmr.

Parad. 2 *mucronatus* Murch. se rapproche beaucoup de *Cheirurus insignis* Beyr. et encore plus de l'espèce que nous avons nommée *Ch. Quenstedti.*

Mais pour ne pas tirer de cette analogie une conclusion trop étroite, nous devons faire remarquer que le genre *Cheirurus,* qui paraît limité en Angleterre à l'étage de Wenlock, s'étend en Bohême dans une hauteur qui embrasse les quartzites et les 3 étages du calcaire.

Paradox. 4 *mucronatus.* Murch. paraît être une *Odontopleura* que le dessin ne permet d'identifier avec aucune espèce de Bohême ; mais notre étage E. offre une grande variété d'espèces (7) de ce genre. C'est une analogie que nous admettons avec la même restriction, parce que le genre *Odontopleura* traverse aussi en Bohême les quartzites et tout le calcaire.

Calymene macrophtalma, dessinée pl. 14. fig. 2. dans le Sil. Syst. se rapproche beaucoup de notre *Phacops faecundus.* Mais il serait imposible de les identifier sans comparer de bons exemplaires.

Asaphus Stokesii, par la forme de la tête et son *facies* général appartient à notre genre *Phaeton,* qui a 10 anneaux au thorax. Sir R. Murchison en indique 9 à 10. Ce genre nous a fourni trois espèces qui proviennent exclusivement de notre étage E. Toutes trois ornées de pointes au contour. C'est le seul trait de ressemblance qui manque au fossile anglais pour pouvoir être assimilé aux Phaetons de Bohême. Le genre Calymene proprement dit, dont Calym. Blumenbachii est le type, s'étend en Angleterre dans presque toute la hauteur du Silurien supérieur. En Bohême au contraire, ce genre représenté dans nos quartzites et dans l'étage Calc. inférieur E, par des espèces toutes différentes, ne pénètre pas dans nos 2 étages supérieurs du calcaire. Ce fait est de même nature que celui que nous avons signalé ci-dessus au sujet des Céphalopodes.

Asaphus Caudatus Brongn. *Phacops* Emmr. s'étend en Angleterre depuis le *Wenlock* jusqu'à *l'Aymestry limestone.* Ce trilobite est si rapproché de *Ph. Hausmanni,* qu'on doit les considérer au moins comme des équivaleus. Mais le dernier ne se trouve en Bohême que dans l'étage supérieur du calcaire; ainsi voilà un fait inverse de celui qui a lieu pour le genre Calymene, et pour les Céphalopodes.

Sans doute on doit attribuer l'un et l'autre à la loi de distribution des êtres, qui laisse une grande latitude soit dans l'espace, soit dans le temps, durant une des longues époques que nous considérons.

Enfin un Brontes a été trouvé par M. Lloyd dans la partie inférieure du *Ludlow,* mais nous ne connaissons pas l'espèce. Nous trouvons cependant une nouvelle analogie dans ce fait, car les *Brontei* sont représentés par beaucoup d'espèces en Bohême, tandisqu'ils ont été longtemps inconnus dans le terrain Silurien Anglais.

A une bien petite distance de l'Angleterre, dans les formations Siluriennes d'Irlande décrites par le capt. Portlock, nous retrouvons une partie des genres qui caractérisent notre calcaire, et qui presque tous manquent dans le terrain décrit par Sir R. Murchison. Tels sont: *Ceraurus globiceps,* qui correspond à notre *Staurocephalus.* — Deux espèces de *Harpes,* un *Brontes,* un *Cheirurus* sous le nom d'*Arges plano-spinosus,* 2 espèces de Lichas nommées *Nuttainia,* et quelques autres espèces qu'on pourrait encore rapprocher des nôtres, sans qu'elles soient cependant identiques.

Le capt. Portlock ne trace pas de limite entre les couches qui contiennent ces fossiles, et celles très-voisines où

on trouve les *Trinuclei,* et autres trilobites du Caradoc sandstone; mais il est possible que cette limite existe. Il se
contente de rapporter les formations où ces fossiles se
trouvent au Caradoc, et au Silurien supérieur depuis sa base
jusqu'au Ludlow.

Cette détermination laisse trop de vague pour que nous
puissions établir des comparaisons d'étage à étage. D'ailleurs
nous avons déjà dit que nous ne reconnaissons aucune espèce commune entre l'Irlande et la Bohême, et toute la conclusion qu'il nous soit permis de tirer, c'est qu'il existe une
grande analogie, fondée sur les genres et non sur les espèces,
entre les dépôts Siluriens de Bohême et ceux d'Irlande.

En somme, notre étage calcaire inférieur E forme un
ensemble palaeozoique très-distinct des formations qui le pré-
cèdent et de celles qui le suivent dans l'échelle géologique
de Bohême. On serait donc tenté de croire en le considérant isolément, qu'il doit aussi correspondre à quelque époque également marquée dans les autres contrées où se sont
précipités des dépôts Siluriens. Cependant les rapprochemens que nous venons d'essayer ne nous ont pas conduit à
cette conclusion. Ils nous montrent au contraire des rapports de ressemblance presque équivalens entre cet étage
qui nous semble si distinct en Bohême, et divers étages
considérés aussi à juste titre comme également distincts,
dans le terrain Silurien supérieur des iles Britanniques.

2. ETAGE CALCAIRE MOYEN. F.

CARACTÈRES GÉOGNOSTIQUES.

Il n'existe aucune discordance entre les couches de cet
étage et celles de l'étage inférieur E; Il n'est même pas
possible d'assigner la limite exacte qui les sépare. Cependant
il y a des signes non équivoques qui font reconnaître les roches
qui appartiennent à l'un et à l'autre, abstraction faite des
fossiles qu'elles contiennent. Nous avons dit que dans

l'étage E le calcaire est en général privé de l'élément siliceux. Cet élément reparaît dans l'étage moyen F, sous deux
formes différentes: tantôt il est répandu en forte proportion dans la masse des roches dont il altère la couleur et
la cohésion; tantôt il est isolé dans les couches, formant
des rognons informes soudés par toute leur surface avec le
calcaire qui les entoure. Dans ce dernier cas le quartz a
une couleur sombre ou noire, et il a toute l'apparence de
ce qu'on nomme *Chert* en Angleterre, dans des roches Siluriennes.

Les couches du calcaire moyen sont en général assez
minces, variant de 10 à 40 centimètres d'épaisseur.

La couleur de l'étage moyen considéré dans son ensemble, est aussi toute différente de celle de l'étage inférieur.
Nous avons dit que les calcaires à Céphalopodes sont noirs
en général, et ils répandent une odeur souvent fétide, quelque
fois spiritueuse. Les calcaires de l'étage moyen sont gris,
ou blancs, et lorsqu'ils dégagent une odeur quelconque par
le choc c'est celle du quartz seulement.

La puissance de cet étage peut s'élever à 100 mètres,
elle varie beaucoup suivant les localités.

CARACTÈRES PALAEONTOLOGIQUES.

La famille des trilobites semble perdre une partie de
ses forces vitales; elle n'offre aucun genre nouveau dans
l'étage F, quoique toutes ses espèces, pour ainsi dire, soient
nouvelles, et différentes de celles que nous avons nommées
pour l'étage calcaire inférieur E. Nous remarquerons encore
une fois que ces crustacés se trouvent beaucoup moins fréquemment dans les couches qui sont principalement formées
de Carbonate de chaux, que dans celles où la silice entre
en proportion considérable.

La famille des Céphalopodes qui dominait par ses nombreuses espèces, et par la multiplicité incroyable des individus, dans l'étage E. se réduit presque subitement à un petit

nombre d'espèces, offrant de rares exemplaires. Il est presque superflu d'ajouter que ces espèces du calcaire moyen diffèrent toutes par leurs formes de celles de l'étage précédent. Nous ne trouvons parmi elles aucun type qui nous rappèle les Céphalopodes nommés et décrits dans d'autres contrées Siluriennes.

Les Brachiopodes étaient à peine représentés dans notre terrain Silurien inférieur; ils comptaient un petit nombre d'espèces dans la partie la plus basse du calcaire, mais à leur tour ils prennent un grand développement dans le calcaire moyen, et deviennent la famille dominante. Cependant malgré la diversité assez grande des espèces qu'ils nous ont fournies nous n'en pouvons nommer qu'un petit nombre qui nous rappèlent les formes connues ailleurs; telles que *ter. (Atr.) compressa — T. prisca — Orthis orbicularis?* M. Léop. de Buch dont nous reconnaissons l'autorité, a donné le nom de *Pent. Sieberi,* à une espèce très-voisine de *Pent. galeatus,* et qui caractérise notre étage moyen. Ce Pentamerus est associé ordinairement à une térébratule que nous nommons *T. princeps* et qui peut être considérée géologiquement comme l'équivalent de *T. Wilsoni,* dont elle diffère cependant par les caractères spécifiques.

L'étage F nous a fourni environ **40** térébratules, une dixaine de spirifers, **5** à **6** Leptoena, plusieurs Orthis, une seule Lingule. Presque tous ces Brachiopodes proviennent des couches d'un calcaire blanc qui forme des collines élevées entre les villages de *Konieprus* et de *Mnienian,* et dont les richesses ignorées ont été découvertes par nous, il y a quelques années. C'est par erreur que ces fossiles ont été désignés comme provenant de Litten qui est situé hors du bassin calcaire, à une grande distance des gites que nous venons d'indiquer.

Les mênes bancs calcaires renferment plusieurs genres nouveaux de Gastéropodes, et en outre *Euomphalus sculptus* qui se trouve en Angleterre dans les 3 étages intermédiaires du Silurien supérieur.

Dans l'étendue verticale de notre étage F on rencontre des couches formées presque uniquement de débris d'encrines, comme celles qui existent à la base de l'étage E. Des fragmens de tiges se découvrent quelquefois, mais sans aucun vestige du calice; cependant nous croyons reconnaître une espèce différente de *Scyphocrinites elegans*. Zenk. qui caractérise notre calcaire inférieur.

Les Polypiers ne sont pas rares dans l'étage moyen : la plupart des *Favosites* s'y retrouvent comme dans l'étage au dessous; ils sont associés avec diverses espèces de *Retepora, Hemitrypa*. etc. fort analogues à celles d'Angleterre.

Nous allons passer plus particulièrement en revue les trilobites de l'étage F.

GENRE PHACOPS. EMMR.

1. *Phacops intermedius*. BARR.

> Le contour de la tête est parabolique. Glabelle pentagonale portant 2 sillons latéraux peu prononcés, vers l'arrière, et un troisième sillon plus marqué, oblique, presque parallèle au sillon dorsal qu'il rejoint à l'angle antérieur de l'oeil. Le front est peu saillant en dehors du sillon inférieur qui nous semble la trace de la suture faciale. C'est par cette saillie plus ou moins prononcée que se distinguent en partie plusieurs espèces du même genre.
> Yeux gros, atteignant par leur bord l'angle latéral du front, ayant environ 140 à 150 facettes. Derrière la tête deux nodules saillans, et deux nodules semblables aux extrémités de tous les anneaux de l'axe. Le têt se distingue par des tubercules saillans, inégaux, serrés, arrondis au sommet.
> Corps imparfaitement connu.
> Pygidium très-bombé, axe très-volumineux et très saillant; montrant 6 articulations sur chaque flanc. 3 côtes arrondies à leur sommet.
> L'axe n' atteint pas le bord, qui en arrière est coupé carrément.
> Long. de la tête 3 cent.   Loc. Mnienian.

2. *Ph. breviceps.* BARR.

Cette espèce a beaucoup d'analogie avec la précédente mais elle se distingue par quelques différences constantes.

1. Dans *Ph. intermedius* le rapport entre la longueur et la largeur de la tête est comme $3:5$; dans *Ph. breviceps* ce même rapport est de $2:4$; d'ailleurs ce dernier a le front presque rectiligne.
2. Les yeux de *Ph. intermedius* laissent un intervalle notable entr'eux et l'anneau occipital; on y compte de 110 à 120 facettes. Ceux de *Ph. breviceps* ne laissent presque aucun intervalle derrière eux.
3. L'axe du pygidium de *Ph. breviceps* est étroit, très-peu saillant, et bordé de chaque côté par un sillon très-marqué; c'est l'opposé dans *Ph. intermedius.*

Le corps non connu.
Long. de la tête 16 m.m.   Loc. Konieprus.

3. *Ph. Hausmanni.* BRONGN.

Cette espèce été souvent décrite; elle appartient d'ailleurs principalement à notre étage calcaire supérieur G.

4. *Ph. laevigatus.* BARR.

D'après un pygidium de forme parabolique dont l'axe présente 3 anneaux distincts, tandisque les flancs portent à peine des indications de côtes.
Long. 8. m.m.   Loc. Mnienian.

GENRE BRONTEUS. GOLDF.

5. *Bronteus campanifer.* BEYR.

6. *Bront. palifer.* BEYR.

Ces deux espèces ont été décrites par Beyrich dans la notice déjà citée. Elles se trouvent entre les villages de Konieprus et de Mnienian, avec plusieurs autres que nous nommons. Beyrich a cru qu'on distinguerait mieux les espèces par le pygidium; mais malgré le grand nombre de morceaux que nous avons sous les yeux, nous ne pouvons pas reconnaître entr'eux des différences aussi constantes qu'entre les têtes. Nous prendrons donc les têtes comme types, pour déterminer les espèces, laissant le pygidium incertain, lorsque nous n'aurons pas quelque signe spécial pour le reconnaître.

7. *Br. angusticeps.* Barr.

La glabelle dans cette espèce s'évase beaucoup moins vers le front que dans *Br. palifer.* Au lieu de deux lobes latéraux distincts, elle n'en offre qu'un seul arrondi, très-saillant, avec un rudiment à l'arrière.

La partie postérieure de la glabelle est très-bombée.

L'anneau occipital porte une pointe saillante alongée, mais il n'y a pas de pointe sur le milieu de la glabelle comme dans *Br. palifer.*

Nous n'avons jamais vu ce trilobite entier, par conséquent il nous est impossible de désigner exactement le pygidium qui lui appartient, parmi diverses formes que nous possédons et que nous ne décrivons point ici.

8. *Br. Zippei.* Barr.

Tête en demi cercle. Glabelle étroite en arrière, fortement évasée en avant, sans aucun sillon latéral, ni indication de lobes. Yeux gros, à facettes; lobe palpébral arrondi. Joues étroites fortement incinées vers le bord. L'angle postérieur prolongé en pointe. Un point peu saillant sur l'anneau occipital.

Corps inconnu.

Pygidium très-bombé, hauteur égale au tiers de la largeur. — Ce pygidium se distingue surtout par sa largeur qui est une fois et demie aussi grande que sa longueur. 15 côtes très-peu marquées par des sillons très superficiels, atteignant le bord. La côte du milieu est beaucoup plus large que les autres, elle est bifurquée sur $^1/_4$ de la longueur.

Le têt de ce trilobite est orné de stries irrégulières sur la tête et sur le pygidium.

Long. de la tête 7. m. m.   Loc. Konieprus.

9. *Br. umbellifer.* Beyr.

Décrit dans la notice déjà citée.

10. *Br. formosus.* BARR.

Se trouve aussi dans l'étage supérieur G, où nous l'avons succintement décrit. —

GENRE {LICHAS. DALM.
{METOPIAS. EICHW.

11. *Lichas Haueri.* BARR.

Pygidium formant un triangle. L'axe non articulé s'arrête vers le milieu de la longueur et se prolonge jusqu'au bord par une arête saillante.

2 côtes sillonnées jusqu'au bord; la bande postérieure étroite, saillante, prolongée en pointe au dehors. Les 3es côtes de chaque moitié non sillonnées, S'unissent au milieu, laissant entr'elles l'arête saillante qui part de l'axe.

Toute la surface est couverte de tubercules irrégulièrement espacés, coniques et pointus à leur sommet.

Long. 25. m. m. Larg. 25. m. m.

Loc. Konieprus.

Les autres parties du corps sont inconnues.

12. *Lichas parvus.* BARR.

La tête de ce trilobite a de très-petites dimensions, 10 m. m. de largeur, 6 m. m. de longueur.

La glabelle est bombée, étroite, bornée par deux sillons dorsaux parallèles depuis la nuque jusqu'au bord du front. De chaque côté un tubercule très-fort, aussi haut et plus large que la glabelle occupe presque tout l'espace des joues. Derrière chacun d'eux est un autre tubercule qui s'étend dans le sens perpendiculaire au premier, et porte l'oeil à son extrémité antérieure.

Le têt couvert de verrues inégales, coniques, espacées d'un peu moins que leur diamètre.

Le reste du corps inconnu.

Loc. Konieprus.

GENRE PROETUS. DALM.

13. *Proetus concinnus.* DALM.

Le trilobite de Bohème que nous croyons être identique avec *Pr. concinnus,* offre cependant quelques légères différences avec celui qui a été décrit par Lovén. (avril 1845. trans. de l'acad. des Sciences de Stock.)

1°. Nous n'avons pas découvert les facettes des yeux.

2°. Le limbe antérieur au front est plus large dans l'espèce suédoise.

3°. Les exemplaires bohèmes n'ont pas de verrue sur l'anneau occipital.

4°. Les anneaux du pygidium, excepté le premier, portent sur leurs côtés une cavité ronde, qui paraît sur le têt des Proetus de Bohême. Malgré ces petites différences nous croyons pouvoir identifier les 2 espèces. On trouve souvent des individus roulés en sphéroïde.

Long. 4 cent.   Loc. Konieprus.

14. *Proetus lepidus.* BARR.

Se distingue de *Proetus concinnus:*

1°. Par un large bord plat autour de la tête qui a un contour parabolique.

2°. Par le têt qui est très-finement strié sur tout le corps, tandisqu'il est granulé dans l'espèce précédente. Dans l'exemplaire que nous possédons on ne peut compter que 9 articles au thorax, mais il est probable que celui qui manque est caché sous la tête.

3°. Les pointes qui se détachent des angles postérieurs de la tête s'étendent presque jusqu'au pygidium, tandisqu'elles sont courtes dans Pr. concinnus.

La forme des plèvres est très-analogue.

15. *Pr. tuberculatus.* BARR.

Nous ne connaissons que la tête de ce trilobite. Elle se distingue par les tubercules serrés, ronds à leur sommet, qui couvrent la glabelle.

Autour de la tête un bord épais, qui touche le front, et se termine en pointe courte, à l'angle postérieur.

Yeux gros, fort audessous du niveau de la glabelle. Joues étroites, lisses, laissant une rainure autour de l'oeil.

Plusieurs filets en relief ornent le rebord de la tête.

Long. 10. m. m.   Loc. Mnienian.

16. *Pr. myops.* BARR.

Forme générale analogue à celle des autres espèces. La glabelle large, aplatie au sommet, arrondie au front, est au même niveau que les yeux qui sont très saillans.

Rebord plat, étroit, orné de filets autour de la tête,
arrondi en arrière.

Long. de la tête 8. m. m.

Le corps inconnu.

Nous rapportons à cette espèce un pygidium qui se
trouve dans la même localité, et qui a la forme ordinaire du genre *Proetus*: avec 8. art. prononcés à l'axe,
et 4 côtes sillonnées par le milieu.

Loc. Mnienian.

17. *Pr.? inaequicostatus.* Barr.

D'après un pygidium unique qui se distingue par l'inégalité des côtes sur les flancs.

L'axe à 7 anneaux, formant au milieu un angle saillant vers l'arrière. 4 côtes sillonnées par une rainure
si profonde que chaque bande paraît une côte isolée,
et on dirait qu'il y a 8 côtes, alternativement fortes et
faibles.

Les fortes atteignent le bord, les faibles s'arrêtent à
un bord plat qui entoure le pygidium. Nous rapportons
par analogie ce fragment au genre *Proetus*.

Long. 3. m. m. Loc. Konieprus.

GENRE HARPES. GOLDF.

18. *Harpes ungula.* Sternb.

Cette espèce dont nous ne connaissons que la tête, se
distingue de notre *Harpes tenuipunctatus* 1° par une
glabelle constamment plus saillante et plus volumineuse.
2° par des points plus gros et différement disposés sur
le bord de la tête.

Nous n'avons vu dans les yeux que des traces de
petits tubercules analogues à ceux de *Harpes tenuipunctatus* et parconséquent différents de ceux de *Harpes
macrophtalmus.*

Loc. Konieprus-Mnienian.

GENRE CHEIRURUS. BEYR.

19. *Cheirurus insignis.* Beyr.

Déjà décrit parmi les trilobites de l'étage calcaire inférieur E.

Loc. Konieprus.

20. *Cheir. Cordae.* Barr.

Nous ne connaissons que la tête de ce trilobite. Elle se distingue de celle de tous les autres *Cheirurus* par sa forme aplatie. La glabelle et les joues ne faisant qu'une seule surface légèrement convexe.

Les 2 premiers sillons traversent la glabelle en formant un léger coude en arrière; les 3mes sillons sont obliques et se rejoignent au milieu, laissant deux petits lobes en arrière.

Les yeux forts petits sont situés à l'angle antérieur des joues, au droit du 1er sillon. D'après cette position la suture faciale ne trace sur la joue qu'une légère échancrure à peine sensible.

Long. de la tête 2 cent. Largeur 3 cent.

Les joues sont couvertes de cavités comme dans toutes les espèces du genre. Le rebord épais qui les entoure se termine en pointe peu prolongée en arrière.

Loc. Konieprus.

21. *Cheir. Gibbus.* Beyr.

Cette espèce qui se trouve aussi dans l'étage supérieur G du calcaire, à été décrite par Beyrich dans la notice déjà citée. — Un exemplaire que nous possédons montre les facettes très-nombreuses des yeux. Le lobe palpébral est épais, et porte une cavité au centre de sa surface supérieure.

GENRE ODONTOPLEURA. EMMR.

22. *Odontopleura Verneuilli.* Barr.

A été déjà décrite parmi les trilobites du calcaire inférieur.

23. *Od. Hörnesii.* Barr.

La tête est la seule partie que nous connaissons de ce trilobite. Elle se distingue par une glabelle de forme alongée, terminée presque carrément aux deux extrémités, et comprise entre deux sillons dorsaux parallèles. — Sur chaque coté deux petits lobes se détachent de la glabelle; le 1er en avant est arrondi, le 2e est alongé et oblique. Un filet en relief part de chaque coté du front et remonte sur la joue conique qui porte l'oeil à son sommet.

L'oeil est conoïde, très-élevé, couvert de facettes très-petites.

La ligne faciale rejoint à l'oeil le filet saillant qui part du front et fait avec elle un triangle rectangle dont l'angle droit est sur le bord.

Long. de la tête 10 m. m.   Loc. Konieprus.

24. *Od. Lacerata.* Barr.

La tête seule de ce trilobite nous est connue. Son *facies* est tout différent des autres espèces du même genre.

La glabelle limitée par 2 sillons dorsaux parallèles, se prolonge de moitié en arrière du reste de la tête, et se bifurque en deux longues pointes dirigées vers le thorax.

Dans chaque sillon dorsal il y a 2 cavités qui correspondent aux sillons latéraux, mais qui sont rondes.

Sur la glabelle 2 rangées parallèles, chacune de 3 tubercules.

Les joues alongées de chaque côté, se terminent en pointes émoussées sur les quelles il y a une forte nervure descendant de l'oeil.

La suture faciale suit une nervure demi-circulaire qui contourne le front, et s'écarte ensuite de chaque côté de la glabelle, en quart de cercle. A l'extrémité de ce quart de cercle est placé un oeil saillant, au droit des deux derniers tubercules de la glabelle.

Long. 14 m. m. Larg. 16 m. m.   Loc. Konieprus.

GENRE CYPHASPIS. BURM.

25. *Cyphaspis clavifrons.* Dalm.

Nous ne possédons que la tête de ce trilobite; elle offre les plus grandes analogies avec celle de la figure donnée par Burmeister sous le nom de *Cyph. clavifrons;* nous adoptons cette dénomination.

Long. 15 m. m. Larg. 30 m. m.   Loc. Konieprus.

26. *Cyph. Cerberus.* Barr.

La tête à la quelle nous donnons ce nom se distingue de la précédente par le grand développement des joues, en hauteur. Elles forment un cône élevé et occupent de chaque coté un plus grand espace que la glabelle dont elles atteignent le niveau. Les yeux placés au sommet de ces cônes dépassent la hauteur de la tête. — Toute la surface est couverte de tubercules comme dans *Cyph. clavifrons*. Les angles postérieurs sont aussi prolongés en pointe, mais le bord de la tête est plat sur tout le contour tandisqu'il forme un bourrelet arrondi dans l'autre espèce.

Long. 9 m. m. Larg. 20 m. m.   Loc. Konieprus.

27. *Trilobites orbitatus.* Barr.

Nous ne connaissons que le pygidium de ce trilobite. Il est remarquable par sa forme bombée, représentant presque le quart d'une sphère. L'axe très-saillant occupe plus du tiers de la largeur totale; on y distingue 2 anneaux, et deux côtes latérales non sillonnées. L'axe n'atteint pas le bord et se fond auparavant avec la surface sphérique des côtés.

Long. 12. Larg. 15 m. m.   Loc. Konieprus.

Les espèces de trilobites que nous venons de nommer caractérisent l'étage moyen F de notre calcaire. Sur ce nombre il n'y en a que 2 communes avec l'étage inférieur E, savoir: *Cheirurus insignis* et *Odontopleura Verneuili*.

4 espèces sont communes entre l'étage F et l'étage supérieur G. qui nous reste à décrire. Ce sont: *Phacops Hausmanni, Cheirurus gibbus. Cyphaspis clavifrons et Bronteus formosus.* Ainsi 21 espèces appartiennent exclusivement à l'étage moyen F.

Cette circonstance nous a paru assez déterminante pour considérer cet étage comme distinct des deux autres, entre les quels il se trouve placé.

D'ailleurs, la différence que nous venons de signaler dans la famille des trilobites, se présente aussi tranchée dans celles des Céphalopodes, Brachiopodes, Gastéropodes etc. Presque toutes les espèces de l'étage moyen F lui sont particulières, et ne se retrouvent ni dans l'étage inférieur E, ni dans l'étage supérieur G. du calcaire.

D'après l'aperçu que nous avons donné ci-dessus, la faune de notre étage calcaire moyen présente un si petit nombre d'espèces communes avec les étages Siluriens d'Angleterre, qu'il serait très-hazardé de vouloir établir une correspondance d'âge, fondée sur ces rares coïncidences. On pourrait aussi révoquer en doute l'importance des espèces reconnues communes, car aucune d'entr'elles n'a un caractère exclusif.

Parmi les trilobites en particulier, il n'existe pas une seule forme qui puisse être assimilée à une espèce anglaise. Les genres eux mêmes de notre calcaire moyen sont à peine représentés dans les étages de Wenlock et de Ludlow.

Mais sans nous arrêter à cette pénurie d'espèces identiques, si nous considérons la famille dominante dans notre étage moyen, celle des Brachiopodes, nous sommes frappés de l'analogie qu'il offre sous ce rapport, avec l'ensemble des formations de Wenlock qui contiennent aussi la plus grande partie des Brachiopodes du terrain Silurien supérieur d'Angleterre. En faisant abstraction des autres étages, dans les deux contrées, si on se laissait conduire par cette analogie, on serait disposé à croire que notre étage moyen correspond aux formations de Wenlock. Cependant il ne serait pas sûr de tirer une telle conclusion. En effet nous avons déjà reconnu qu'en suivant une analogie de même nature notre étage inférieur E, par la prédominance de la famille des Céphalopodes correspondrait à la formation de Ludlow inférieure; c. à d. à la formation située au-dessus de *Wenlock limestone.* Il y aurait donc un renversement complet d'ordre; car en Angleterre les Céphalopodes ne se sont fortement développés qu'après l'époque ou dominaient les Brachiopodes, tandis qu'en Bohème le fait inverse a eu lieu; les Céphalopodes ont eu leur plus grand développement avant les Brachiopodes.

Cette considération doit nous rendre très-circonspects lorsqu'il s'agit d'assimiler un étage du calcaire de Bohème, à un étage quelconque d'un autre pays.

ÉTAGE SUPÉRIEUR. G. DU CALCAIRE.

1. CARACTÈRES GÉOGNOSTIQUES.

Aucune limite tranchée ne sépare l'étage calcaire moyen F, de l'étage supérieur G. Le passage de l'un à l'autre se fait insensiblement et les couches conservent leur parallélisme dans toute la hauteur.

Le calcaire supérieur se fait aisément reconnaître par des bancs plus épais et un aspect argileux que n'ont pas les parties inférieures. On dirait qu'il est composé de rognons calcaires, plus ou moins écrasés par la pression, et plongés dans une argile fine qui les entoure en couche très-mince.

Le calcaire est compacte, très-fin, et varie souvent de couleur; tantôt il est gris, tantôt rougeâtre, quelquefois il est presque noir. Les bancs sont séparés en certaines localités par des couches minces d'un schiste de couleur foncée, et de structure très-feuilletée.

Ainsi l'élément argileux presque complètement exclu des deux étages calcaires inférieur et moyen, reparaît à la partie supérieure. Il devient même assez prédominant pour exclure à son tour le calcaire, comme on le voit près de Hostin. Dans cette localité les schistes forment la superficie du bassin palaeozoïque, par suite, sans doute de dénudations locales. Mais dans la plupart des autres points où on peut observer les couches supérieures, on reconnaît que cette nouvelle formation schisteuse est recouverte par une dernière formation calcaire. Nous pouvons indiquer les environs de Chotecz et de Hlubosep comme présentant d'une manière visible l'alternance dont nous venons de parler.

Dans l'état le plus complet où nous puissions l'observer, le bassin palaeozoïque du centre de la Bohême se termine donc à la partie supérieure, par des bancs calcaires, sur lesquels reposent çà et là quelques lambeaux du *Quadersandstein.*

La puissance de l'étage supérieur calcaire G. est au moins de 60 mètres.

2. CARACTÈRES PALAEONTOLOGIQUES.

Il paraît que durant la période de temps où se sont formés les dépôts de l'étage supérieur G, les mers Siluriennes ont offert des conditions de moins en moins favorables à l'existence des êtres organisés. Toutes les familles de mollusques paraissent s'éteindre presque à la fois, ou se réduisent à un nombre minime d'espèces et d'individus. Par une circonstance très-défavorable, les enveloppes calcaires de ces mollusques ont été dissoutes au milieu du carbonate de chaux qui les enveloppe. Ce phénomène nous paraît assez bizarre, et contraste avec celui qu'on observe à la base de l'étage inférieur, où les fossiles seuls constituent la substance calcaire isolée au milieu des schistes argileux.

L'absence du têt, jointe à une déformation plus ou moins considérable qui l'accompagne, caractérise donc les fossiles de l'étage supérieur, et leur ôte aux yeux du géologue presque tout leur prix, puisqu'il devient imposible de les déterminer pour la plupart.

Les trilobites font seuls exception à cet état défavorable que nous signalons. Par suite de la nature de leur têt, ou par d'autres circonstances à nous inconnues, la plupart de ces crustacés se présentent assez bien conservés pour fournir tous les élémens désirables à la science.

D'ailleurs, par le nombre de leurs espèces, et par la proportion des individus, qu'on découvre dans le calcaire supérieur, les trilobites sont devenus encore une fois la famille dominante. Ils ont du moins beaucoup mieux résisté que les mollusques aux causes de destruction que nous ne pouvons pas apprécier. Cette résistance démontre encore que le système Silurien a été réellement le centre de leur création, ainsi que l'a dit Sir R. MURCHISON dans son ouvrage sur l'Angleterre.

Voici la liste des trilobites trouvés jusqu'à ce jour dans les couches de l'étage supérieur G.

GENRE PHACOPS. EMMR.

1. *Phacops Hausmanni.* BRONGN.

Ce trilobite a été souvent décrit et dessiné, mais faute d'exemplaires bien complets, on a confondu sous le même nom diverses formes qui nous semblent distinctes et constantes.

Nous conservons le nom de *Ph. Hausmanni* à celle de ces formes qui se distingue par les 3 caractères suivans :

1. Les côtes du pygidium sont marquées par un sillon qui se prolonge jusqu'au bord plat où elles se terminent.
2. La surface du têt est couverte d'une granulation serrée, inégale, sur tout le corps; mais sans tubercules saillants. Cette granulation est encore plus serrée sur les joues.
3. Le prolongement caudal est tantôt rudimentaire tantôt il a une longueur d'environ 10 m. m. au delà du bord. Peut-être cette circonstance pourrait-elle faire distinguer deux variétés.

Cette espèce est celle qui a été dessinée par BURMEISTER (Organisation der Trilobiten pl. V.) et par STERNBERG (*Verh. d. Böhm. Mus.*).

Nous considérons ce trilobite comme extrèmement rapproché d'*As. caudatus* de Dudley, surtout si l'on en juge par la figure que Buckland en a donnée (Géol. et minér. pl. 45).

2. *Ph. Spinifer.* BARR.

A les côtes sillonnées comme l'espèce que nous venons de définir, mais il se distingue principalement par les tubercules élevés, en forme d'épines, qui sont sub-régulièrement placés sur son têt.

Deux rangées principales sont disposées sur le sommet de l'axe du pygidium; et une rangée un peu moins saillante sur le sommet de chaque côte. Quelques autres tubercules épineux sont placés sur les côtés de l'axe, sans un ordre aussi régulier.

Le têt d'ailleurs est lisse, si ce n'est sur le bord plat extérieur, où on remarque une granulation analogue à celle de *Ph. Hausmanni.*

3. *Ph. Reussii.* BARR.

Le pygidium de cette espèce a un *facies* très-différent dss 2 autres que nous avons nommées:

1. L'axe est très-peu saillant, et les sillons dorsaux peu profonds quoique distincts.
2. Les côtes laissent entr'elles des intervalles plus larges et moins profonds, que dans les espèces précédentes. Leur sommet étroit porte seulement une légère indication d'un sillon longitudinal.
3. Le bord qui entoure le pygidium est constamment plus large; il se termine en arrière par une pointe courte, semblable à celle d'une accolade, sans prolongement caudal proprement dit.
4. Le têt lisse sur l'ensemble de la surface, porte une granulation irrégulière, peu serrée au sommet des anneaux de l'axe, sur le sommet de chaque côte, où les points augmentent en nombre depuis l'axe jusqu'au bord, et enfin sur la lisière du bord plat où cette granulation devient très-serrée.

Les espèces de Phacops que nous avons séparées diffèrent aussi par la forme du bord antérieur du front. Autant que nous pouvons en juger d'après les exemplaires qui sont sous nos yeux, ce bord offre une saillie dans *Ph. Hausmanni,* tandis qu'il est arrondi dans *Ph. Reussii.*   Loc. Branik, Tetin etc.

4. *Ph. protuberans. Dalm.*

Nous pensons que deux espèces très-distinctes ont été confondues sous un même nom d'abord par STERNBERG, et plus tard par EMMRICH qui avait sous les yeux des exemplaires fort incomplets que nous avons vus au cabinet de Berlin.

Nous conservons le nom de *Ph. protuberans* a un trilobite dont la glabelle pentagonale se distingue:

1. Par la forme alongée du front qui fait un saillie très-considérable en dehors de la suture subfrontale. Cette conformation fait que l'origine de l'hypostôme est à environ 20 m. m. en arrière du front.

6 *

2. Les yeux sont gros, on y compte 220 à 230 facettes. Ils sont placés immédiatemant en arrière de l'angle latéral de la glabelle.

La glabelle ne porte aucune trace de sillon. Entr'elle et le sillon occipital est un anneau flanqué de 2 tubercules saillans.

11 anneaux au thorax; l'axe moins large que les côtés, porte un tubercule arrondi à l'extrémité de chaque anneau. Les plèvres coudées à angle droit, un peu avant le milieu de leur longueur, sont arrondies à leur bout, et taillées en biseau.

L'axe du pygidium est saillant, on y distingue 5 anneaux, et 3 côtes latérales.

La surface est couverte de rugosités fines, sur tout le corps, qui est souvent roulé en boule.

Long. 9 centim.　　　Loc. Tetin près Béraun etc.

5. *Ph. Bronnii.* Barr.

Ce trilobite est en général de dimensions moindres que l'espèce précédente, avec la quelle il a beaucoup de rapports. On le distingue:

1. Par la forme du front à peine saillant au delà du sillon sous frontal.
2. Les yeux paraissent très-rapprochés de la partie antérieure de la tête; ils sont plus petits en proportion que dans *Ph. protuberans* et ils ont environ 140 facettes.

11 anneaux au thorax.

Tête irrégulièrement couverte d'une fine granulation.

GENRE BRONTEUS. GOLDF.

6. *Bronteus Brongnarti.* Barr.

Forme générale alongée. Tête parabolique. Glabelle en trapèze très-large au front; sans lobation distincte.

Les yeux sont placés contre les sillons dorsaux à l'arrière de la glabelle. Ils sont gros, recouverts par un lobe palpébral arrondi; on y compte plus de 1400 facettes disposées en quinconce.

Les joues sous les yeux sont presque verticalement inclinées, leur angle postérieur est émoussé.

10 anneaux au thorax. L'axe bombé est presque deux

fois aussi large que le côté, et chaque anneau laisse apercevoir la surface d'articulation, de l'anneau suivant.

Les plèvres se touchent à peine auprès de l'axe, elles se coudent légèrement vers la moitié de leur longueur. Avant ce coude elles s'amincissent et laissent entr'elles un intervalle qui s'élargit jusqu'au droit de la pointe émoussée qui les termine. Derrière chacune d'elles, au droit du coude, est un petit appendice triangulaire représentant le joint d'articulation.

Pygidium très-bombé et alongé, comme le quart d'un ovoïde. Anneau rudimentaire de l'axe marqué par un sillon sub-triangulaire. 15 côtes, atteignant le bord, celle du milieu plus large, fendue au bas.

Les sillons ne sont qu'indiqués par des lignes.

La hauteur du pygidium est plus du quart de sa longueur, mesurée au corps.

Têt orné de stries qu'on remarque surtout sur les bords et sur les anneaux. Entre ces stries sont de petites cavités serrées, visibles principalement sur le pygidium et sur la nuque.

Long. 6 centim.   Loc. Tetin.

7. *Bront. porosus*. Barr.

Nous ne connaissons que le pygidium de ce trilobite, qui est caractérisé par de petites cavités microscopiques couvrant régulièrement la surface du têt. En avant de chacune de ces cavités s'élève une petite aspérité. On croit voir l'effet d'une pointe acérée qui aurait pénétré obliquement sur une surface métallique, soulevant une parcelle de métal au bout du léger sillon qu'elle a creusé.

La surface de ce pygidium est un peu bombée, ce qui le distingue aussi de *Br. palifer* et des autres espèces déjà nommées.

15 côtes, atteignant le bord; celle du milieu double en largeur, bifurquée au bout. Les sillons étroits, peu profonds mais bien marqués.

Long. 20. m. m.   Loc. Tetin.

8. *Br. pustulatus*. Barr.

Cette espèce est nommée d'après une tête isolée, que la nature de son têt nous empêche d'oser associer au pygidium que nous venons de décrire.

La glabelle est marquée par trois lobes latéraux, distincts, diminuant de volume de l'avant à l'arrière, le dernier est presque rudimentaire.

Sur l'anneau occipital un tubercule saillant en forme de pointe.

Les yeux placés sur deux saillies considérables au droit du sillon occipital.

Toute la surface est couverte de tubercules assez forts, inégaux, espacés à une distance moindre que leur diamètre, prolongés en cône; leur sommet ordinairement tronqué.

Long. 15. m. m. Loc. Tetin.

9. *Br. Formosus.* Barr.

Le pygidium seul de cette espèce nous est connu. Il se distingue par les stries en relief, sub-régulières qui en couvrent toute la surface, en croisant obliquement la direction des côtes. Celles-ci sont saillantes et bien marquées.

La côte médiane est un peu plus large que les autres.

Les sillons sont creux et presque aussi larges que les côtes vers le bord extérieur aplati.

Le centre du pygidium offre un bombement, qui de tous côtés s'abaisse vers le contour. Par la forme des stries, ce Bronteus a quelque ressemblance avec. *Br. signatus.* Phill. mais il en diffère beaucoup par la forme de l'axe rudimentaire.

Long. 45. m. m. Loc. près Prague.

GENRE CHEIRURUS. BEYR.

10. *Cheirurus Sternbergi.* Boeck.

A été décrit par Sternberg, par Boeck et récemment par Beyrich dans la notice plusieurs fois citée.

11. *Cheir. gibbus.* Beyr.

Espèce décrite dans le même opuscule.

GENRE CYPHASPIS. BURM.

12. *Cyphaspis clavifrons?* Dalm.

C'est avec quelque doute que nous adoptons ce nom, sans pouvoir comparer en nature les trilobites des divers pays, auxquels il s'applique. L'exemplaire que nous désignons offre la plupart des caractères indiqués par Burmeister. Seulement l'épine qui sort de l'angle postérieur de la tête est une fois et demie aussi longue que le corps. Nous n'apercevons pas de pointe aux premières côtes, dout le bout est endommagé.

11 anneaux au thorax.

La tête conforme à la figure donnée par Burmeister, fortement granulée, le corps lisse.

Long. 25. m. m.   Loc. S^t. Iwan.

GENRE ODONTOPLEURA. EMMR.

13. *Odontopleura derelicta.* **BARR.**

D'après un fragment du corps, sans tête. L'axe moins large que le côté. Plèvres dans un plan horizontal : ornées dans leur longueur par une bande plate qui couvre le milieu, et offre peu de relief jusques vers le bout où elle s'élève davantage. Près de son extrémité est un tubercule saillant. De chaque plèvre sort une longue épine inclinée par rapport au corps.

Notre fragment ne nous permet de voir que sept anneaux. Le pygidium triangulaire, court, nous paraît sans épines.

Long. du fragment 15. m. m.   Loc. S^t. Iwan.

GENRE PROETUS. STEIN.

14. *Proetus sculptus.* **BARR.**

La forme générale de ce trilobite ressemble à celle des autres espèces déjà décrites. Il se distingue par quelques caractères particuliers.

1. Plusieurs exemplaires bien conservés nous montrent uniformément 9 anneaux au thorax, au lieu de 10 qu'on trouve dans la plupart des autres espèces du même genre.

2. Tout le corps est couvert d'un réseau de stries creuses, sub-régulières, qui forment une sculpture particulière à cette espèce.

3. Le pygidium offre 4 anneaux à l'axe et deux côtes, sillonnées, à peine sensibles, se confondant avec la surface.

Long. 20. m. m.   Loc. près S^t. Iwan.

15. *Pr. gracilis.* **BARR.**

Nous ne connaissons que le pygidium de cette espèce que nous considérons comme différente des autres.

L'axe a 6 anneaux distincts. Cinq côtes très déliées, et en relief, s'étendent depuis l'axe jusqu'au bord qui est aplati.

Largeur 10. Long. 5. m. m.   Loc. près S^t· Iwan.

16. *Pr. Lovenii.* BARR.

Contour de la tête parabolique, terminé en arrière par deux longues pointes.

Les yeux saillans à facettes extrêmement fines.

10 anneaux au thorax; l'axe aussi large que le côté. Plèvres coudées à partir du milieu, les 7 premières terminées par une pointe émoussée, les 3 dernières par des pointes qui vont successivement en augmentant de longueur. La dernière dépasse beaucoup le corps.

Le pygidium a 4 anneaux visibles et 2 côtes aplaties, larges, sillonnées. Par une particularité remarquable, la surface du pygidium au lieu d'être convexe, comme à l'ordinaire, est concave.

Cette liste de trilobites nous montre 4 espèces communes à l'étage supérieur G, et à l'étage moyen calcaire F.

Il reste donc 12 espèces spéciales pour caractériser la partie la plus élevée de notre terrain palaeozoique. Comme nous ne connaissons d'ailleurs aucun autre fossile qui passe des formations moyennes, aux formations supérieures, nous avons cru devoir distinguer un étage supérieur du calcaire.

Les familles des mollusques ne nous offrent pas des fossiles assez distincts pour que nous puissions les indiquer dans cet aperçu. A peine trouvons nous la trace des Brachiopodes qui étaient si nombreux dans l'étage moyen. Les Orthocères dont nous rencontrons les moules méconnaissables, sont accompagnés de quelques Nautiles, et d'un autre fossile cloisonné dans le quel nous croyons reconnaître le *facies* des Goniatites, mais sans en avoir vu les cloisons.

Parmi ces rares espèces qui signalent notre étage G, on ne peut guère s'attendre à rencontrer des formes qui soient communes avec d'autres pays. Nous devons cependant rappeler ici l'analogie que nous trouvons entre le *Ph. caudatus* d'Angleterre, et le *Ph. Hausmanni* de Bohême. Ce dernier est le fossile le plus répandu dans notre étage supérieur, dont il caractérise l'époque, tandisque *Ph. caudatus* paraît en Angleterre presque également répandu dans tous les étages du Silurien supérieur. Par une circonstance bisarre, il manque seulement dans l'étage le plus élevé, celui du *l'upper Ludlow*.

Nous ne pouvons en ce moment nous arrêter plus long-temps à ces contrastes de détails, et nous terminerons cette notice par un résumé des faits les plus saillans qu'elle est destinée à constater.

I. Le bassin palaeozoique du centre de la Bohême considéré dans son ensemble nous offre une richesse de trilobites jusqu'à ce jour inouie, dans les formations de cet âge.

Ces crustacés paraissent déjà en quantité considérable dans les couches fossilifères les plus basses, se développent ensuite au centre des formations; puis décroissent successivement en nombre, mais forment encore la famille dominante dans les dépôts les plus élevés du bassin.

Puisqu'il est reconnu que les trilobites caractérisent spécialement l'époque des formations Siluriennes, toutes les formations de ce bassin appartiennent donc exclusivement depuis la base jusqu'au sommet, au système Silurien.

Nous insistons sur ce point, parceque plusieurs personnes d'un savoir éminent en Palaeontologie, à la première vue de nos fossiles, ont pensé qu'il pouvaient appartenir au système Devonien. Mais un examen de quelques momens a suffi pour leur procurer une conviction toute contraire.

II. En faisant abstraction des 2 étages A et B qui forment la base du système, et que nous avons nommés ensemble; Division inférieure Azoïque, tous les autres étages que nous avons distingués au nombre de 5, C, D, E, F, G, présentent des caractères palaeontologique tranchés, qui correspondent à autant de créations locales, différentes et successives.

Ces caractères opposés sont fondés:

1. Sur la différence presque absolue qui existe entre les espèces de trilobites qui appartiennent à chacun de ces étages.

2. Sur la prédominance marquée de certaines familles de mollusques, dans chacune des formations et l'absence presque complète d'espèces communes entre deux ou plusieurs étages superposés.

III. Les deux étages fossilifères inférieurs C, D. forment un ensemble qui n'a rien de commun sous les rapports géognostiques et surtout palaeontologiques, avec l'ensemble des trois étages calcaires E, F. G.

IV. Il y a donc trois grandes divisions naturelles dans la Succession des formations de notre bassin.

{ La division inférieure Azoïque.
{ La division moyenne } fossilifères.
{ La division supérieure }

Cet trois divisions correspondent exactement à celles qui ont été reconnues dans la grande Bretagne sous le noms de:

{ Système Cambrien (modifié en 1845) azoïque.
{ Syst. Silurien inférieur } fossilifères.
{ Syst. Silurien supérieur }

V. Les divisions azoïques des deux contrées portent dans la nature de leurs roches, et dans leur position, des caractères assez évidens pour quil soit difficile de contester leur âge correspondant.

VI. Les divisions moyennes fossilifères, sont comprises dans les deux pays, entre deux horizons géognostiques que nous désignons par les genres *Battus* et *Trinucleus*, qu'ils renferment. Ces deux horizons sont surtout distincts en Bohème, à cause de la grande puissance de l'étage D des quartzites ou *Caradoc Sandstones*. Dans les deux contrées il y a un changement brusque et total dans la faune palaeozoïque, immédiatement au dessus de l'ho rizon des *Trinucleus*.

Cette coincidence nous semble assez frappante pour démontrer que les divisions moyennes d'Angleterre et de Bohème se correspondent dans la succession géologique des âges. Nous n'entendons pas dire cependant qu'une même révolution synchronique aurait opéré dans les deux pays ce brusque changement dans les faunes palaeozoiques, car nous ne voyons en Bohème aucune trace d'un semblable bouleversement. En établissant le fait seul d'un complet changement zoologique immédiatement au dessus de l'horizon du genre *Trinu-*

cleus, nous croyons avoir le droit d'admettre la correspondance des deux étages moyens dans l'ordre géologique, *abstraction* faite de toute coincidence mathématique des temps.

VII. Si l'on considère l'époque Silurienne comme limitée d'une manière absolue dans sa durée, la correspondance que nous croyons démontrée entre les divisions inférieure et moyenne des deux pays, devrait entraîner de semblables rapports entre les divisions supérieures. Mais la comparaison des faunes nous fournit un meilleur argument. Elles se distinguent également dans les 2 contrées par le grand développement de certaines familles: les Trilobites, les Céphalopodes et les Brachiopodes; et surtout par l'apparition de certains genres qui n'ont existé ni avant ni après cette époque, tels que les Phragmocères, Gomphocères, Cardioles etc., sans parler des crustacés, qui sont tous dans le même cas.

Des analogies si frappantes entre les faunes, quelles que soient d'ailleurs les irrégularités dans l'ordre qu'a suivi le développement local des familles dominantes, nous semblent démontrer que le terrain Silurien supérieur d'Angleterre et les trois étages calcaires de Bohême ont été formés durant une même période des temps palaeozoiques.

VIII. Ainsi en prenant pour termes de comparaison les grandes divisions que nous avons esquissées, le bassin du centre de la Bohême représente dans le même ordre que les terrains qui ont servi de type en Angleterre, la succession des trois grandes périodes Siluriennes.

IX. Après avoir établi entre les divisions principales, cette unité d'ensemble qui est la grande loi de la nature, nous devons faire remarquer aussi la diversité qui règne dans les subdivisions que l'ordre scientifique nous oblige à reconnaître dans les divers pays.

Pour constater cette variété, il nous suffit de rappeler en quelques mots les caractères palaeontologiques des divers étages, reconnus comme distincts entr'eux, d'un côté en Angleterre, et de l'autre en Bohême.

N o t a. Les nombres d'espèces que nous indiquons dans les étages anglais, sont tirés de l'ouvrage de Sir R. Murchison; nous n'avons pas de documens authentiques sur les découvertes faites depuis la publication du *Silurian system.*

ISLES BRITANNIQUES.

SYSTÈME SILURIEN INFÉRIEUR.

X. Étage des Landeilo flags.
Espèces de trilobites paticulières à cet étage :   9
Espèces communes avec l'étage qui le couvre :   2
                                        11

Les céphalopodes, gastéropodes, dimyaires et les zoophytes sont tous représentés dans cet étage par un petit nombre d'espèces variant de 1 à **4**. —

Les Brachiopodes présentent **25** *espèces dont la grande majorité appartient au genre Orthis.*

XI. Étage du Caradoc Sandstone.
Espèces de trilobites particulières à cet étage :   6
Espèces communes avec l'étage inférieur   .   2
                                        8

Les céphalopodes, gastéropodes, monomyaires dimyaires, présentent un petit nombre d'espèces variant de 1 à **7**, et les zoophytes **12**.

Les Brachiopodes y sont représentés par **52** *espèces parmi les quelles le genre Orthis est le plus riche.*

XII. Les faunes des **2** étages du syst. Silurien inférieur se correspondent d'une manière satisfaisante, sous presque tous les rapports.

Les différences qu'on remarque entr'elles sont facilement expliquées par l'influence de la loi de distribution locale, à une même époque.

Nous apercevons aussi les effets d'une autre loi de la nature : celle de la distribution successive dans l'ordre des temps, considérés entre les limites des grandes périodes.

Pour simplifier les termes de comparaison, nous grouperons en trois étages les **5** formations que Sir R. Murchison a distinguées dans le syst. Silurien supérieur des îles Britanniques.

BOHÊME.

SYSTÈME SILURIEN INFÉRIEUR.

X bis.   Etage C: schistes fossilifères.

Espèces de trilobites appartenant exclusivement à cet étage   27

Aucune espèce commune avec l'étage supérieur.

Les céphalopodes, gastéropodes, dimyaires zoophytes etc., ne sont nullement représentés dans cet étage.

Les Brachiopodes nous ont fourni une ou deux espèces d'Orthis.

XI bis.   Etage D: quartzites, etc & —

Espèces de trilobites appartenant exclusivement à cet étage   25

Aucune espèce commune ni avec l'étage inférieur, ni avec l'étage supérieur.

Les Céphalopodes, Gastéropodes, monomyaires, crinoïdes, y sont représentés par peu d'espèces; une à 2 par ordre.

Les Brachiopodes offrent 4 à 5 espèces qui sont toutes des Orthis.

Nous répétons ici qu'entre cette division et la division supérieure nous n'avons reconnu en Bohême aucune espèce commune.

Ce fait s'accorde avec les observations faites par Sir R. Murchison dans la grande Bretagne.

ILES BRITANNIQUES.

SYSTÈME SILURIEN SUPÉRIEUR.

XIII.   Groupe {inférieur \Wenlock shale.
{comprenant} Wenlock limestone.

Epèces de trilobites particulières à ce groupe :   13
    -   communes avec l'étage qui le couvre   3
                                            ——
                                            16

Les hétéropodes, gastéropodes, monomyaires
et dimyaires offrent de 1 à 9 espèces par ordre.
L'ordre des céphalopodes   13
Les crinoïdes appartenant exclusivement à la
formation inférieure de Wenlock   .   .   .   14
Les familles dominantes sont : les Brachiopodes   45
et les Polypiers   58

XIV.   Etage moyen.   *Lower Ludlow Rocks.*
Aucune espèce de trilobites n'est particulière
à cet étage.
Espèces communes avec le groupe inférieur :   3
Aucune espèce commune avec le groupe
supérieur.
Les ordres des gastéropodes, monomyaires
dimyaires et les polypiers offrent chacun de 2
à 9 espèces.
Les Brachiopodes sont représentés par   .   18
La Famille dominante est celle des Cépha-
lopodes   27

XV.   Groupe {supérieur \Aymestry limestone.
{comprenant} upper Ludlow Rocks.
Espèces de trilobites spéciales à cet étage   5
communes avec l'étage moyen   .   .   .   2
                                        ——
                                        7

Les ordres des hétéropodes, céphalopodes, mo-
nomyaires, offrent de 4 à 9 espèces.
Les polypiers   12
Les gastéropodes   13
Les Brachiopodes   15
Ces trois derniers ordres ont donc un degré
à peu-près égal d'importance dans cet étage.

BOHÊME.

SYSTÈME SILURIEN SUPÉRIEUR.

XIII bis.   Étage inférieur E du calcaire.

Espèces de trilobites qui appartiennent exclusivement à cet étage 38

Espèces communes avec l'étage superposé . 2

40

Les ordres des hétéropodes, monomyaires, et les crinoïdes offrent chacun de 1 à 6 espèces.

Les brachiopodes 12

Les gastéropodes environ 25

Les polypiers environ 35

Les dimyaires au moins 60

Les Céphalopodes qui forment la famille dominante nous offrent environ 125

Il est à remarquer que le genre Cardiole associé aux genres Gomphocère et Phragmocère, appartient exclusivement comme eux à l'étage inférieur E tandis que dans les îles Britanniques, il se trouve aussi avec ces deux genres dans les étages plus élevés.

XIV bis.   Étage moyen F du calcaire.

Les espèces de trilobites qui appartiennent spécialement à cet étage sont au nombre de . 21

Espèces communes avec l'étage inférieur E 2

—   —   avec l'étage supérieur G 4

27

Les ordres des hétéropodes, monomyaires, dimyaires, les crinoïdes et les polypiers offrent chacun de 1 à 12 espèces.

Les céphalopodes environ 10

Les Brachiopodes forment la famille dominante et nous offrent environ 60

XV bis.   Étage supérieur G du calcaire.

Les espèces de trilobites qui se trouvent exclusivement dans cet étage sont au nombre de 12

Espèces communes avec l'étage moyen F . 4

16

Aucune espèce commune avec l'étage inférieur E.

Les gastéropodes, brachiopodes, dimyaires, et polypiers n'offrent dans cet étage que de 1 à 4 espèces.

Les céphalopodes environ 8 à 10 espèces déterminables.

XVI. Les tableaux succints que nous venons de mettre en
regard, montrent que les étages du système Silurien supérieur, en Bohême comme dans les Iles Britanniques,
se distinguent très-bien les uns des autres, par les espèces de trilobites qui leur sont particulières, et aussi
par la prédominance tranchée de certains ordres des
mollusques, dans chacun d'eux.

Mais on peut remarquer en même temps combien a
été différent dans les deux contrées, l'ordre de développement des diverses familles dominantes.

Les trilobites seuls offrent une concordance notable,
car l'époque ou ils ont présenté le plus grand nombre
d'espèces coexistantes, correspond en Bohême comme
en Angleterre, au groupe le plus bas du système Silurien supérieur.

XVII. En comparant les caractères généraux géognostiques
et palaeontologiques :

Nous avons reconnu une correspondance complète
entre les trois grandes divisions des terrains Silurien
de Bohême et des Iles Britanniques.

La comparaison plus détaillée des faunes locales
nous a démontré que les étages distincts dans chaque
pays, ne se correspondent pas d'une contrée à l'autre.

Il y a donc unité dans l'ensemble du système Silurien, comme il y a diversité dans les détails.

Cette unité et cette diversité se font remarquer partout dans la nature, et concourent également à caractériser les oeuvres du créateur.

APERÇU GÉNÉRAL DE LA FAUNE SILURIENNE DE BOHÊME.

Ne connaissant la faune palaeozoïque de Bohême que par suite de nos recherches et découvertes personnelles, à l'exception d'un petit nombre de fossiles qui ont été décrits, nous nous bornerons dans cet appendice à indiquer le nombre approximatif des espèces rassemblées dans notre collection particulière.

	Espèces.
Poissons (fragmens d'icthyodorulites) . .	1
Crustacés { Trilobites	129
Cythérinides	10
Mollusques { Hétéropodes	5
Céphalopodes	150
Gastéropodes	50
Brachiopodes	100
Monomyaires	9
Dimyaires	100
Crinoïdes	2
Polypiers etc. etc.	44
Total . .	600

Prague le 15 Juni 1846.

IMPRIMERIE DE J. B. HIRSCHFELD A LEIPSIC.